向人类讲解经济
——一只昆虫的视角

［法］艾曼纽·德拉诺瓦／著
王旻／译

图书在版编目（CIP）数据

向人类讲解经济：一只昆虫的视角 /(法) 艾曼纽·德拉诺瓦
(Emmanuel Delannoy) 著；王旻译. -- 北京：中国文
联出版社, 2017.9（2022.10重印）
（绿色发展通识丛书）
ISBN 978-7-5190-3053-7

Ⅰ. ①向… Ⅱ. ①艾… ②王… Ⅲ. ①环境经济学－
研究 Ⅳ. ①X196

中国版本图书馆CIP数据核字(2017)第217196号

著作权合同登记号：图字01-2017-5145

Originally published in France as: L'Economie expliquée aux humains by Emmanuel Delannoy © Editions Wildproject, 2011

Current Chinese language translation rights arranged through Divas International, Paris / 巴黎迪法国际版权代理

向人类讲解经济：一只昆虫的视角
XIANG RENLEI JIANGJIE JINGJI: YI ZHI KUNCHONG DE SHIJIAO

作　者：[法] 艾曼纽·德拉诺瓦	译　者：王旻
	终审人：朱　庆
责任编辑：冯　巍	复审人：闫　翔
责任译校：黄黎娜	责任校对：王　楠
封面设计：谭　锴	责任印制：陈　晨

出版发行：中国文联出版社
地　　址：北京市朝阳区农展馆南里10号，100125
电　　话：010-85923076（咨询）85923092（编务）85923020（邮购）
传　　真：010-85923000（总编室），010-85923020（发行部）
网　　址：http://www.clapnet.cn　　http://www.claplus.cn
E-mail：clap@clapnet.cn　　fengwei@clapnet.cn

印　　刷：保定市正大印刷有限公司
装　　订：保定市正大印刷有限公司
本书如有破损、缺页、装订错误，请与本社联系调换

开　　本：720×1010　1/16
字　　数：68千字　　　　　　　　　　印　张：8
版　　次：2017年9月第1版　　　　　印　次：2022年10月第4次印刷
书　　号：ISBN 978-7-5190-3053-7
定　　价：34.00元

版权所有　翻印必究

"绿色发展通识丛书"总序一

洛朗·法比尤斯

1862年,维克多·雨果写道:"如果自然是天意,那么社会则是人为。"这不仅仅是一句简单的箴言,更是一声有力的号召,警醒所有政治家和公民,面对地球家园和子孙后代,他们能享有的权利,以及必须履行的义务。自然提供物质财富,社会则提供社会、道德和经济财富。前者应由后者来捍卫。

我有幸担任巴黎气候大会(COP21)的主席。大会于2015年12月落幕,并达成了一项协定,而中国的批准使这项协议变得更加有力。我们应为此祝贺,并心怀希望,因为地球的未来很大程度上受到中国的影响。对环境的关心跨越了各个学科,关乎生活的各个领域,并超越了差异。这是一种价值观,更是一种意识,需要将之唤醒、进行培养并加以维系。

四十年来(或者说第一次石油危机以来),法国出现、形成并发展了自己的环境思想。今天,公民的生态意识越来越强。众多环境组织和优秀作品推动了改变的进程,并促使创新的公共政策得到落实。法国愿成为环保之路的先行者。

2016年"中法环境月"之际,法国驻华大使馆采取了一系列措施,推动环境类书籍的出版。使馆为年轻译者组织环境主题翻译培训之后,又制作了一本书目手册,收录了法国思想界最具代表性的 33 本书籍，以供译成中文。

中国立即做出了响应。得益于中国文联出版社的积极参与，"绿色发展通识丛书"将在中国出版。丛书汇集了 33 本非虚构类作品，代表了法国对生态和环境的分析和思考。

让我们翻译、阅读并倾听这些记者、科学家、学者、政治家、哲学家和相关专家：因为他们有话要说。正因如此，我要感谢中国文联出版社，使他们的声音得以在中国传播。

中法两国受到同样信念的鼓舞，将为我们的未来尽一切努力。我衷心呼吁，继续深化这一合作，保卫我们共同的家园。

如果你心怀他人，那么这一信念将不可撼动。地球是一份馈赠和宝藏，她从不理应属于我们，她需要我们去珍惜、去与远友近邻分享、去向子孙后代传承。

2017 年 7 月 5 日

（作者为法国著名政治家，现任法国宪法委员会主席、原巴黎气候变化大会主席，曾任法国政府总理、法国国民议会议长、法国社会党第一书记、法国经济财政和工业部部长、法国外交部部长）

"绿色发展通识丛书"总序二

铁凝

这套由中国文联出版社策划的"绿色发展通识丛书",从法国数十家出版机构引进版权并翻译成中文出版,内容包括记者、科学家、学者、政治家、哲学家和各领域的专家关于生态环境的独到思考。丛书内涵丰富亦有规模,是文联出版人践行社会责任,倡导绿色发展,推介国际环境治理先进经验,提升国人环保意识的一次有益实践。首批出版的33种图书得到了法国驻华大使馆、中国文学艺术基金会和社会各界的支持。诸位译者在共同理念的感召下辛勤工作,使中译本得以顺利面世。

中华民族"天人合一"的传统理念、人与自然和谐相处的当代追求,是我们尊重自然、顺应自然、保护自然的思想基础。在今天,"绿色发展"已经成为中国国家战略的"五大发展理念"之一。中国国家主席习近平关于"绿水青山就是金山银山"等一系列论述,关于人与自然构成"生命共同体"的思想,深刻阐释了建设生态文明是关系人民福祉、关系民族未来、造福子孙后代的大计。"绿色发展通识丛书"既表达了作者们对生态环境的分析和思考,也呼应了"绿水青山就是金山银山"的绿色发展理念。我相信,这一系列图书的出版对呼唤全民生态文明意识,推动绿色发展方式和生活方式具有十分积极的意义。

20世纪美国自然文学作家亨利·贝斯顿曾说:"支撑人类生活的那些诸如尊严、美丽及诗意的古老价值就是出自大自然的灵感。它们产生于自然世界的神秘与美丽。"长期以来,为了让天更蓝、山更绿、水更清、环境更优美,为了自然和人类这互为依存的生命共同体更加健康、更加富有尊严,中国一大批文艺家发挥社会公众人物的影响力、感召力,积极投身生态文明公益事业,以自身行动引领公众善待大自然和珍爱环境的生活方式。藉此"绿色发展通识丛书"出版之际,期待我们的作家、艺术家进一步积极投身多种形式的生态文明公益活动,自觉推动全社会形成绿色发展方式和生活方式,推动"绿色发展"理念成为"地球村"的共同实践,为保护我们共同的家园做出贡献。

中华文化源远流长,世界文明同理连枝,文明因交流而多彩,文明因互鉴而丰富。在"绿色发展通识丛书"出版之际,更希望文联出版人进一步参与中法文化交流和国际文化交流与传播,扩展出版人的视野,围绕破解包括气候变化在内的人类共同难题,把中华文化中具有当代价值和世界意义的思想资源发掘出来,传播出去,为构建人类文明共同体、推进人类文明的发展进步做出应有的贡献。

珍重地球家园,机智而有效地扼制环境危机的脚步,是人类社会的共同事业。如果地球家园真正的美来自一种持续感,一种深层的生态感,一个自然有序的世界,一种整体共生的优雅,就让我们以此共勉。

2017 年 8 月 24 日

(作者为中国文学艺术界联合会主席、中国作家协会主席)

目录

序言

前言　一次相遇（001）

第1章　你们无法创造出生物多样性经济学（009）

第2章　承认生物多样性具有的价值并不是要用货币估价（015）

第3章　从生物多样性的价值到生物的价值（021）

第4章　生态走廊（027）

第5章　请你们注意（033）

第6章　大胡蜂很能说明问题（037）

第7章　你们并不总是第一，也不是唯一（043）

第8章　大自然是创新最好的盟军（047）

第9章　石油（059）

第 10 章　经济是用来做什么的（067）

第 11 章　创造一种新的财富制造模式（073）

第 12 章　生命的画卷是壮丽的（083）

参考文献（092）

·

·

附录

关于作者（096）

"自然绿洲网络"计划：行动从身边做起（102）

关于启发研究所（104）

专业术语汇编（105）

·

跋：与一只天牛的对话（109）

·

·

序言

这本书将成为21世纪最大的一场诉讼——一只栎黑天牛对智人的控诉。面对如此多的物种濒临灭绝,持续时间如此之长,栎黑天牛要控诉人类的罪行,为生物们讨个公道。大家可以想象一下,来自整个地球的控诉者的队伍:溪流、江河、湖海、油砂、砂岩、山川、洞穴、平原或森林的代表,当然还有众多的专家和律师们。

然而,栎黑天牛不希望仅站在牺牲者的角度看问题,直觉告诉它,智人的智慧是它的水生和陆路小伙伴们得以生存的最佳保障。智人拥有其他生物没有的思想行为意识,与其控诉他们的行为,不如更明智地呼吁智人改变过去的行为,从而采取行动来保护小伙伴们的生存环境。

因此,栎黑天牛准备向智人介绍自己,呼吁他们保护生态环境。它花了很长时间来选择对话者,它希望找到一位可以倾听它的抱怨,并能理解它的期许的人。这样,在生态末日来临之前,可以让希望和呼吁的声音传播下去。

于贝尔·雷弗(Hubert Reeves)
天体物理学家
法国人类与生物多样性协会(Humanité et Biodiversité)主席

致弗勒（Fleur）！

致我的小家伙们，加油！

致安妮斯（Agnès），当然这是必不可少的。

感谢马热丽·巴涅斯（Marjorie Banès）的热情帮助和认真校阅。

前言
一次相遇

> 现在到了我们该认真审视的时候了：是什么构成了人类的生活；又是什么独立于人类之外，以至于人类的任何东西——包括思想、政权、革命，甚至文明都无法影响。无论我们冥冥中已经意识到还是无意中忽略了，它们都不会改变。
>
> ——克里斯蒂安娜·姗热尔（Christiane Singer）

人总是孤独的，即便身处人群之中。70亿人口，70亿个独立的个体。无论富贵或贫穷，成功或失败，我们都是孤独的。孤独地面对着邪恶，面对着恐惧，面对着自我。孩子们心中总有一个想象中的伙伴，这个伙伴可以是一个人、一个动物，抑或是他们梦想的创造物，这个小伙伴总在那里，阳光下或黑暗中，人群里或茂密的森林中。它守护着秘密，沉默寡言，却能消除我们的顾虑，抚慰我们的心灵。然后，我们长大了，开始变得狂妄自大，超级自信,甚至打算忘掉小伙伴,认为不再需要它了。

这一天,我寂寞独处。好吧,我原以为我只是一个人。我带着些许迷茫在深谷中漫步,沿着带小瀑布的河畔徜徉,千金榆、山毛榉和橡树清凉的树荫遮蔽着我。这里距离马赛仅30千米左右,沿着热梅诺斯路(Gémenos)朝艾斯比古丽耶山口(Col de l'Espigoulier)即到,这里被周日漫步者们所熟知,然而今天却很冷清。圣彭斯(Saint-Pons)山谷是罕见的几处古代地中海森林遗迹之一,这是一个气候温和的地方,能看到不少树龄超过百年的古树,它们奇迹般地躲过了一次又一次山火的侵袭。

一个无聊的工作日,如果早上不在办公室的话,我又能做些什么呢?我牵强地给了自己一个来干其他事情的理由:我有些郁闷、沮丧。在我致力于"调解经济和自然之间关系"、为保护生态环境而奋斗的时候,会有这样的感觉。这是一项看似伟大但又空泛的事业,似乎离我们当代人日常关注的问题比较远。我们经常自认为处于一个远离乌托邦的、奇特的"实用主义"时代。在我做讲座的时候,一切似乎都很好:教室里的听众兴奋激动,大家的积极性都被调动起来。当我力求深入浅出地解释我们应该发挥的作用,每一个人都应当与生物相联结,成为生物链中不可或缺的重要部分时,听众们无论受教育程度如何、无论持有什么样的社会观念或政治信仰，对他们中的大多数人而言，答案都是显而易见的——我们能够，并且我们应该行动起来，我们才是自己命运的主人；即使问题严重且现实，也是有解决方案的。

然而，通常来讲，只要一回到家或者办公室，人们的这些乐观的想法或者积极行动的意愿都会被日常琐事所冲淡。民选代表、市长和议员，要在短时期内考虑他们的第二次选举，要面对失业或犯罪率、预算赤字或债务问题。老板们要考虑季度盈亏和交给股东的财务报表。普通员工们需要努力工作，同时还要担心每月收入和应还的款项。每个人都能感觉到危机和不确定性，担忧明天。然而，人们却常是想想而已，或是采取一些象征性的小行动，对这里或那里可变化的地方进行一些调整，不愿触及根本性的东西。尽管我们进行了保护、管理、调整，但实际应该做根本性改变——变形。①

这就是目前困扰我的一些问题，也是在一个正常的工作日我逃离办公室来到大自然的这个小角落的原因。我

---

① 作者从2008年开始主持一档广播栏目《经济的新形态——变形》，随后几个月，埃德加·莫兰（Edgar Morin）也开始呼吁我们社会的变形（《变形礼赞》，刊登于2010年1月10日的《世界报》）。

想出来静静,听听树丛中的小风、于沃恩河(L'Huveaune)的碎浪飞溅和鸟儿的鸣唱,寻找一点灵感。

忽然,这种美丽和谐的乐章被一个令人厌恶的噪音或者说一种完全不能融入灌木丛宁静的声响所扰乱,像未调好的收音机的呲呲声、门的吱嘎响,或是揉皱纸张的杂音。完全不像人类发出的声响,难道是动物的?现在还不是蝉鸣的季节,这个噪音也不像蝉发出的声响。

我努力地寻找声音的来源,在一棵橡树下发现了它——一只栎黑天牛!就在那里,在我的面前!

我很惊诧,即使对于一个自然学家来说,与森林里的大鞘翅目昆虫相遇也不是一件常事。更诧异的是在白天的这个时刻发现它在活动,通常它应该只在黄昏甚至晚上才出现。我不想放弃这个在白天观察它的机会,可惜没有带照相机,我只好慢慢地靠近它。奇怪的是,它没有任何要逃离或躲避的迹象。于是,我做了一件无心,但荒唐且无法解释的事情:我用手指轻轻地拈起栎黑天牛,把它放进外套口袋里并带回了办公室。

回到办公室,我把天牛放入一个小培养容器之后,我的心情大好,然后开始工作。然而,由于这个小昆虫的存在,让我总是心不在焉,会不时地停下手里的工作去看它。栎黑天牛则非常放松自然地待着,只是时不时摆动一下两只长触须，似乎在等待着什么。

我耸了耸肩，感觉自己的这个想法有点荒诞，一只在办公室培养容器中的小昆虫能等待什么呢？

我本打算早点回家，在圣彭斯山谷绕个弯把天牛放回森林。然而，整个下午慢慢过去了，才刚刚处理完几件小事。在夜色即将来临的时刻，突然又传出刚才那些不和谐的声响了！这一次，我好像听明白了它的意思。

昆虫问我："好了吗？你准备好了吗？"

"噢！"我毫不忌讳地低声抱怨着，"这次我真是头脑发热了……"

这只小虫子发出一连串新的、更长的声响。大致意思好像是这样的："不，不，你没有头脑发热。不管怎样说，都不是你的问题。你知道吗？今天早上让你注意到我，不是偶然，是我选择了你。"

"你选择了我？这是为什么呢？"（"我在和一只昆虫说话"，我低声自语）

"首先，因为你盗用了我的身份！在你的那些专栏里署上了我的名字——栎黑天牛。"

"嗯？不管怎样，我的出发点是好的！"我辩解道。

"在这些专栏里，我不想再使用老套的表达风格和烂熟的动物形象来代表生物多样性……借助你的身份是为了能够代表所有像你一样无名、平庸、普通的物种！"

我的额头开始沁出汗珠，手也在颤抖。我感觉自己有点失控。

昆虫反驳道："普通？平庸？无名？天哪！我拒绝这些词。我更加坚信现在应该是你们这些人类来慢慢听我们说的时候了。"

"听谁说？说什么？"我开始了一场荒诞的聊天，完全找不着北了。

"对于我要求你做的事情，很多人都能够做，然而大部分人不愿意听我说。他们甚至没有意识到我在努力同他们对话。"

我感觉中了圈套，惊讶之余却又无法拒绝。然后我突然开始担心：和它的这种新关系会不会对我的声誉造成影响。

"不要担心，"天牛对我说，"我建议，只你和我一起相处一段时间，你把我们这些非人类的生物想要向人类表达的信息记录下来，然后再把它们转达给你的同胞们就行了。"

于是，2011年6月的某个星期二，这个小鞘翅目昆虫，一只栎黑天牛，让我作为代笔人来记录它所说的一切。它连续发声三天三夜，我就乖乖地敲着电脑键盘。即使我不同意它的观点,但也丝毫不差地保留了它的每句话。有时,我也会同它争论、商讨,甚至有一两次能说服它让步。然而大多数时候,我不会干涉它的发言。

你们不要惊讶,它有时会有些蛮横的语气、奇怪的影射或是难懂的暗喻,这个森林里的小生物很有个性。工作完成后,我把栎黑天牛放在了于沃恩河畔森林里的橡树下。

这次神奇的经历便是你们手中这本小书的由来。为了小小地"惩罚"我用它的名字发表了文章,栎黑天牛强迫我在自己的专栏里来发表它的"演说"。直言不讳地说,这种做法在开始的时候有点让我感到不快,这种方式不符合"人道"(但可能符合"虫道")。我认为作者(栎黑天牛)低微的身份应该不会影响你们看一眼这本书的积极性吧?最终,我接受了将我的名字联合署名的想法,甚至我会为这本书做更多的事情,我会对此负责。

艾曼纽·德拉诺瓦,化名"栎黑天牛"
2011 年 7 月 21 日　写于欧巴涅①

---

① 欧巴涅(Aubagne)是法国南部普罗旺斯山—蓝岸大区罗纳河口省的一个小镇。——译者注

第 1 章
你们无法创造出生物多样性经济学

> 在存在危机的时代,需要抓紧时间进行呼吁:企业的活动更多地依存于生物而非金融,自然系统的建立比财政系统的建立更加困难。
>
> ——雅克·韦伯(Jacques Weber)[①]

亲爱的读者们,感谢你们花时间来看我的文字。为了避免打扰你们,在你们深入阅读之前,我想先向你们交代一下:我叫栎黑天牛,我并不是人类(执笔者注:随后天牛发出了一声人类听不懂的短音)。

[①]《环境的起源》(*Aux origines de l'environnement*)一书为众多作者的合集,法雅出版社(Fayard),2010 年。雅克·韦伯,经济学家和人类学家,作者之一。——译者注

智人①们，今天我要给你们写点东西。如果你们用手拿着这本书阅读，那么很有可能你们属于这类拥有理性的双足灵长类物种，而我则是鞘翅目昆虫。写东西这件事好像并不是我所擅长的事情，因此，请允许我在接下来的篇幅里按照你们的行文方式来介绍一下我的真实想法。

在开始之前，我要向你们说明，我不是以个人名义为自己发言。谁会关注一个小甲壳虫的意见呢？今天我代表的是全体生物，借助一位有同情心的人来向人类发出呼吁。如果你愿意，请把我看作是生物多样性的代言人，人类之外的生物世界的临时大使。

为什么人类总是在谈论生物多样性呢？很多年来，你们的专家、领导人一直在讨论所谓的"生态系统与生物多样性经济学"。你们试图通过你们定义的"生态系统提供的物质资源和服务"来评估生物多样性为经济所做的贡献。于是，在专注于该项研究的某个帕万·苏克德夫（Pavan Sukhdev）先生的指导下，世界顶级经济学家们撰写了《生态系统与生物多样性经济学》研究报告（*The Economics*

---

① 智人是生物学分类中人属中的一个"种"，为地球上现今全体人类的一个共有名称。在本书中用以与非智慧生物形成反差与区别。——译者注

of Ecosystem services and Biodiversity，常被称为 TEEB）。

TEEB 报告的目标是评估生物多样性为经济带来的价值，进而核算出生物多样性的减少，或者从某种意义上说生物多样性的消亡，给经济所造成的损失。我们有时候也把 TEEB 称为生物多样性的《施特恩报告》[①]——不仅仅是要计算保护行动所花费的成本，更要评估任其恶化所付出的代价。因此，这是出于良好的动机：这些经济学家努力赋予生物多样性一种价值，是为了呼吁出台保护生物多样性的相关政策。显而易见，保护生物多样性是需要成本的。虽然保护成本较低，但任由生物多样性不断减少，发生危机时的损失也会很高。假设保护成本按国民生产总值的 1% 计算，漠视生物多样性所付出的代价要比保护成本高出五六倍甚至七倍。

一个优秀的政治人物会做些什么呢？理论上，他会开始行动。但实际上，我们并不能确定，因为可以想象的是与人类通常一样，会涌现出怀疑主义的论调。一些能言善辩的家伙会表示怀疑，甚至制造恐怖气氛，死死拖住行动

[①] 报告的主作者为尼古拉斯·施特恩（Nicholas Stern）。该报告发表于 2006 年，评估了气候变化对经济造成的影响。根据作者的分析，气候变化造成的损失远比采取措施避免气候变化或者限制气候变化所花的成本高。

主义者的后腿。接下来的发展趋势就水到渠成了，必然是灾难性的后果，这也是老套路了。你们很难做到前人栽树，后人乘凉，不愿等待几十年后才能创造出的效益。

我们回到"生态系统提供的服务"来看。撰写 TEEB 的经济学家深受《千禧年生态评估报告》(*Millenium Ecosystem Assesment*) 的启迪，这是 2005 年在联合国的支持下完成的一部巨著。这部报告将上述服务分为以下四大类。

（1）供应服务：大自然提供物质资源，如食物、纤维制品、材料、生物燃料，或可以用来生产药品的生化、遗传资源。这都是一些可以看到或者消费的有形物质。

（2）调节服务：当地或全球的气候调节、水源净化、垃圾的回收利用、授粉、土壤固定和抗侵蚀、农耕防虫等。这些服务相对不太容易被感知或察看，然而却是人类的农业或工业活动不可或缺的。

（3）文化、娱乐和精神服务：这些也要考虑，就像塞尚没有了圣维克多山、莫奈没有了睡莲，或者地区的繁荣没有了美丽景致带来的旅游业，它们会变成什么样子呢？

（4）支持服务：让生物圈运转起来，包括有机物质的初级制造、光合作用和生命主要营养物的循环再生。这些服务很难被量化或评估，然而没有这些基础，任何动植物，包括人类，都无法演化发展。

所有的生物都要参与到全球范围的团队工作中来：从微小的细菌到庞大的巨杉，还有珊瑚、鲨鱼、真菌，甚至病毒，这并不是分帮结派搞社团。进一步看看我们昆虫是如何分工的，这会让人类从中受益。你们会发现我们的工作其实非常繁重！

首先是授粉工作，我认为这项工作是由昆虫们完成的。蜜蜂是最重要的授粉昆虫，仅2008年蜜蜂授粉对农作物的经济贡献达到1530亿美元[①]，世界农业直接依赖于蜜蜂授粉。这个价值的金额应该重新上调，因为不仅要考虑蜜蜂授粉对农业产生的直接影响而带来的价值，同时也要考虑这些授粉者们数量衰减对农业可能造成的损失。其他的服务，如垃圾的处理和回收再利用中的大部分也是由真菌、细菌以及我们昆虫来完成的。蜣螂、臭苍蝇、跳虫和其他不被尊重的小虫子是自然界的威立雅和苏伊士。[②] 我们是道路清洁工、拾荒者、循环机。没有一个树桩、没有一片树叶、没有一种排泄物或动物的尸

[①] 引自法国农业科学研究院（Inra）/法国国家科学研究中心（CNRS）进行的研究，2008年。

[②] 威立雅和苏伊士是法国的两家大型企业，每家企业均有专业的水和垃圾处理部门。

体不是通过我们来处理、分解、埋葬和循环利用的。农业、养殖业、林业都不能离开我们昆虫。防御害虫也是我们的工作，步行虫、瓢虫、食蚜蝇，还有其他的食肉昆虫，这些都是人类的蔬菜、草莓、葡萄或其他果树的守卫者。

如果没有我们这些有时被人类视作害虫的昆虫，人类可能会局促不安。我敢肯定地说，如果人类消失了，我们昆虫可能不会察觉到。然而，如果有一天所有昆虫消失了，那人类生存下去的可能性将会很小。当然，我们还没有到那一步。我做这些假设是想说明，人类的经济繁荣和幸福安康直接依托于不计其数的生物们的辛勤工作，从最受保护的、被熟知的生物到最被忽略的、微不足道的生物。而我们这些从事中间工作的昆虫并没有要求得到任何报酬或补偿。

接下来，再来说说这个关于生物多样性经济的故事。即便生态系统与生物多样性经济学有用，然而毕竟生物多样性不光是一个（可计量的）经济问题，它更是一些（不可计量的）价值（复数的）的体现。可能有一天，应该换一种方式来提问：是让生物多样性完全用经济学的方法来计量呢？还是用经济的方法辅助评估生物多样性呢？我想你们可以继续用经济学的方法来计算评估生态系统所提供的服务的价值，但是无论如何，你们无法创造出一个所谓的生物多样性经济学(来解决生态问题)。

第 2 章
承认生物多样性具有的价值并不是要用货币估价

> 市场可以很好地扮演服务者的角色,但无法成为主导者,最糟糕的是人类竟然认为市场还有法则,并去盲目遵循。
>
> ——埃默里·罗文斯(Amory Lovins)[①]

《蒙娜丽莎》价值多少?艺术爱好者会告诉你:它的价值是无法估量的。

如果非要计算它的成本,算上画布、画漆,还有画

[①] 保罗·霍肯(Paul Hawben)、埃默里·罗文斯、亨特·洛文斯(Hunter Lovins):《自然资本主义》,拜克贝图书公司(Back Bay Books),1999年。

刷的磨损、画家花费的时间，可能最多几百欧元。在艺术市场上，它的价格会是多少呢？从正规的流通渠道里，它是无法被售卖的。也就是说，即使有人出了很高的价钱也不能买《蒙娜丽莎》，就像巴黎圣母院或马赛的守护圣母圣殿一样，不能被售卖，它们属于人类共同的文化遗产。

我不是对如何定义艺术品的价值吹毛求疵，只是艺术品市场和生物多样性市场很相似。我想说的是，成本、价值和价格是完全不同的东西。

成本是生产产品所花费的资源用货币计量的经济价值。在大自然提供的服务中，成本是零。草原、森林和湿地对所穿越的河流流域进行过滤，形成了人类饮用的水，生态系统提供了免费的过滤服务。显而易见，如果生态系统被破坏，如果土壤没有植被覆盖，如果它们都被污染了，生态系统将无法再提供这样的服务。而为了修补这些破坏，人类需要通过一系列绿化、种植树篱、净化土壤或向有机农业转型等方式，而这些则需要花费一定的成本。

物质资料的价值具有财富属性和自然属性。所谓财富属性就是物质资料用货币价值评估的结果；所谓自然属性就是对人类幸福所做的贡献。如果要绘制一个资产负债表，在（仅考虑生态系统的贡献度）不考虑经济自身惯性发展的情况下，为了了解你们生活的区域是变贫穷了还是富裕了，在表格的"流域①所在的生态系统的贡献值"一栏，你认为填多少数值合适呢？如果流域状态良好，就能够净化水源，稳定硝酸盐，保持河岸完整，让鸟类和昆虫安居来改善沿河居民的生存环境，从而提高农业收益，这样的话可以填较高的数值。如果流域被污染，河岸失去植被覆盖，遭受侵蚀，动物的生存环境遭到严重破坏，这种情况下只能填一个低很多的数值了。

价格是人类为了获得某件物品、某块土地、某批木材或某篮蘑菇而应该给其所有者（如果有的话）的货币表示。有售卖者、采购者和交易发生的市场，价格才存在并有意义。而这个市场通常受法律约束，并由法律规定交易发生的条件。

我们可以进行这样或那样的评论，观点五花八门，有时会把人弄糊涂。我想说明的是：承认生物多样性的自然价值或是努力评估生态系统对经济产生贡献的货币价值，并不能自动创造出生物多样性的市场。试图明确

---

① 流域，以分水线为界的河流、湖泊或海洋等所有水系所覆盖的区域，以及由水系构成的集水区。

保险、税收或刑事处罚的参考价值（罚款金额、纳税基数或索赔金额）并不算是确定价格。如果一位钢琴家的手臂的保险价值被评估为20万欧元，并不意味着我们创造了一个20万欧元的手臂市场。即便你的钢琴家邻居的高音阶惹怒了你，你也没有权利拿20万欧元就能砍下他的手臂。

这种估价操作有局限性。2007—2009年，人类据此评估了昆虫授粉对农业的贡献度。获益于授粉的农业食品（水果、蔬菜、油料植物）自身有一个商品价值，该价值的可靠范围在1100~2000亿美元，但这并不代表能够直接将该金额除以地球上蜜蜂的数量从而得出每只蜜蜂的价格。这种推论逻辑无法在大自然中行得通。谁又会异想天开地评估光合作用的经济价值？没有植物、藻类和某些细菌具有的这种能通过太阳从空气中的二氧化碳合成复杂分子的特性，任何动物都无法生存。光合作用的价值是无穷尽的，是无法列入经济评估范畴的。

我想说的最后一点是，经济像其他所有学科一样，有自己的能力边界和适用范畴，也有自己的限制。比如，经济不能决定伦理、权利或公平等推导出的东西，这些是公民们探讨的范畴，应该通过他们的代表转换为法律并通过相关机构执行。就像埃默里·罗文斯在《自然资本主义》一书中所述:"市场可以很好地扮演服务者的角色,但无法成为主导者,最糟糕的是人类竟然认为市场还有法则,并去盲目遵循。"由我这个小脑瓜的金龟子来给你们这些聪明的两足动物、革命的核心角色上经济课,是不是太过分了?嗯,就是这样,转换角色了:这次是大师们要听听小金龟子的想法。

第 3 章
从生物多样性的价值到生物的价值

> 在失去这些物质资源的时候,比享受它时更能体会到它们的价值。
>
> ——查尔斯·布罗塞(Charles de Brosses)

亲爱的读者,亲爱的智人:

如果你们允许,我想更深入地解释与"生态系统和生物多样性经济学"相关的几个问题。这些问题在你们看来应该非常重要,如果没有一些数据来说明问题的严重性和紧迫性,你们好像无法决策和行动。有时我会扪心自问,是不是与其说智人是"善于认知的人类",还不如说是"精于计算的人类"?无论是哪种,我们还是先回到价值、成本和价格的概念,并对其进行一些补充说明。价格、价值和成本三者指代各不相同,有极其严格的内涵。因此，还是先让我们多花点时间来看看这些严肃而关键的问题。

承认生物具有经济价值，并且尝试给出一个参考价格来辅助选择行动策略，比如涉及治理方面的策略，这是可行的，但并不意味着要制定货币化的价格，也不意味着有必要或必然要创造一个生物多样性的国际市场。生物多样性是一种典型的"公共事物"和"共同财富"，放弃对它的管理而仅利用市场的力量进行调节是一种很糟糕的考虑。"我不是一个数字，我是一个生物！"①

当然，通过价格指针尝试更好地理解生态系统恶化对于社会和企业来说所意味的成本投入，这可以更好地防范风险和避免损失（至少现在是尝试避免损失的时候）。另外，承认生物多样性的经济价值和重建生态系统的成本能帮助人类更好地运用"谁污染谁赔偿"的原则，这是人类经常呼吁却很少执行的原则。在某些情况下，还需要结合一些补偿措施，虽然这些措施是如此的不完善，以至值得商讨。

---

① 这是 1967 年首映的英国电视连续剧《囚徒》最受欢迎的一句台词"我不是一个数字，我是一个自由人！"的改编词，当时这句台词被广泛传播。

补偿就像胆固醇,有好坏之分。

坏的补偿就是为破坏生物多样性创造了一种"宽容的市场"。在某些人眼中,在国际市场上购买一些"破坏许可"是如此的简单,花一笔补偿款在世界的另一端囤积一些土地,其实仅仅是给自己一个警醒,能够在可持续发展报告里写上固定套路的句子:"我们对生物多样性造成的影响做出了补偿。"

在我眼里(复眼),这种行为就像打掩护的烟幕弹,甚至可以说带有欺诈意图。事实上,生态系统的毁坏和物种的消失并没有获得任何的补偿。这种破坏对当地造成了严重影响。当地的居住者,无论是人类还是其他生物,都遭受了损失。在任何情况下,都不可能通过在其他省或地球另一端的其他地方,为当地的居住者采购土地或实施其他补偿措施来弥补这种损失。

最好的补偿,我认为也是唯一的好的补偿,就是不让补偿有发生的机会,也就是不再有破坏行为,因为这些破坏本来应该避免的。程度最轻的补偿是在当地被破坏土地或邻近土地上采取必要的保护或修复措施,以建立与被破坏或变质的生态系统类型相同的生态系统。

值得注意的是,补偿仅仅是"避免、减少、补偿"这个处理过程中的最后一步。最重要的是避免破坏,因为每个生态系统都是唯一的，即便它拥有复原能力，一旦遭到破坏或变质也是不可逆转的。要减少破坏，用于补偿的资金应更多用于上游行动，将保护方案与当地的"生态走廊"结合起来，这也是对生态环境和生态功能的最好保护。要补偿破坏，仅仅在我们没有其他选择——发现不良影响已产生，且我们在遵循法律及与使用者、沿河居民、大自然保护协会共同协商的基础上做出了避免和减少的努力之后，影响仍然存在的情况下，我们才会采取措施。

只有尊重这个处理过程才能解决生态环境遇到的问题，更好地融入生态发展战略，同时可以开始考虑生物多样性的伦理、美学、文化、象征或精神价值，以及生物多样性与当地居民的使用习惯和表现的多元化的关系（游客和自然主义者、农耕者或渔夫的性质是不一样的，当然，还没有谈到鞘翅目昆虫）。这些价值永远不可能简化到可以进行经济评估或资产负债比对。然而，它们很重要！

对生态系统提供的服务进行经济评估，有很多限制，因为生态系统是不断变化的、持续演进的，会有不可预见的极限和中断效应，这也是为什么普通经济学数学模型很难适用于生态系统的原因。普通的数学模型不适合复杂变化的系统，而更适合为线性标准化的系统建模。如何为回收处理或净化提纯服务进行价值评估呢？如果这些服务可能已经达到饱和状态，超出了某个极限，难道不能提前进行确认吗？万一超出了这个不可预见的极限，服务可能会突然中断，甚至发生逆转之前的收益全部消失？

  这种假设完全不是理论上的，也不是空洞的。我们可以考虑一下，如果一个湖泊利用光合作用和浮游生物提供了净化空气和水的服务，这个湖泊的生态系统自身拥有修复能力，能够承受一定程度的冲击和损坏，一旦超出了这个范围，它整个的原动力都将崩溃。如果我们很不幸地来到了这里，不仅这些服务完全失效了（没有光合作用和净化效果），而且更糟糕的是，湖中的有机物质分解并向周边释放出二氧化碳、甲烷和硝酸盐。在这种情况下，是无法建立普通经济学数学模型的，即使建立也非常危险，这个数学模型要整体地考虑沿湖居民、经济参与者和可怜的湖泊之间的相互作用，还有无法预见的极限和逆转效应。大自然不像人类制造的飞机、轮船或者发电站一样的机器，它是无法受人类控制的。

  亲爱的人类朋友们，请吸取这个教训。即便利用你们全部的科学和技术，你们也无法期望掌握或了解整体的大自然进程——"混序"（既混乱又有序）①，它是生物圈的生物之间相互作用的总规律。

如果可以，请尝试表现得谦逊、尊重和谨慎一些。放弃"管理大自然"，这只是幻想出来的掌控，而应该转向"照料生物多样性"和尊重生物，这样你们获得的将远比你们想象得多。

亲爱的智人，即使你们能够按照自己的意愿建造和控制一个仅与你们相关的世界，并且只保护对你们直接有用的物种，而不管我们这些"无用"的物种，那个被你们控制、掌握和制定标准的世界是真正的人类世界吗？

---

① "混序"的概念1993年由迪伊·瓦德·霍克（Dee Ward Hock, 1929— ）提出。他是Visa信用卡协会的创始人和原负责人，混序概念是在他离开商界十年后提出的。

第 4 章　生态走廊

人们砌了太多的墙,没有造足够的桥。

——艾萨克·牛顿(Issac Newton)

亲爱的智人,现在我想聊聊你们这个物种的另一种令人诧异的行为:你们对大自然的热爱有时表现得有些奇怪。随着周边的自然环境被你们自己破坏掉,你们也开始在远离市中心的地方开拓农业园区,种植果蔬、搞绿化带等。你们这样做可能出于内疚,你们回归大自然甚至试图在那里安顿下来的欲望开始增强。然后,你们开始对离城市不太远的乡村小屋产生想法了:这个天堂般的小角落将很快被城市吞并,像《幽魔浮点》①或大受欢

---

① 1988 年查克·拉塞尔(Chuck Russell)导演的美国恐怖电影《幽魔浮点》。如此看来,栎黑天牛热爱的电影令人吃惊。

迎的电影《巨型茄合的攻击》①中的那道希腊国菜,铺开、延伸、扩展,以全部覆盖结束(栎黑天牛发出了四声很难听懂的鸣叫)。

当然,你们住得离办公地点更远了,因此需要高速公路、环形公路、环岛……因为居住地远离市中心,你们只能开车去大型超市购物,因此还需要修建公路和停车场。周末,厌倦了这些钢筋水泥的丛林,你们又要开汽车、坐高铁、乘飞机去更广阔的地方。你们无法意识到这样做对我们可能造成的影响,因为你们从未了解到,或者你们忘记了就在你们周围的生物多样性,它们需要适宜的、没有剧烈变化的、不被打扰的环境,而你们只是在寻找着异域风情的快速发展。

你们痴迷的速度以及快速的迁移,难道是一种让它们全面摧毁我们非人类生物的迁移?

你们的城区、环形公路、高速路或商业区围绕着大城市建造,一眼望不到边,成为我们不可逾越的屏障。换位思考一下,假设你是一个只有几公分长的小生物,你在高

---

① 栎黑天牛的品位真是越来越好。1999 年帕诺斯·H. 库特拉斯导演的希腊电影《巨型茄合的攻击》,供滑稽模仿和 Z 系列爱好者娱乐的蹩脚电影。

速路或停车场这一边,而你的伴侣、食物或避身之所在另一边。你会说,这点儿距离算什么。光是几米的距离的确不是问题,但是,这中间还安了铁栅栏,围了路缘石、路堤和路边沟!在炎炎夏日里,柏油马路的表面滚烫无比,个头那么小的我们,穿越过程将是漫长的,并且面临着各种危险,随时都可能被汽车轮胎和路面沥青挤压得扁平。再加上你们时速超过100公里的高速行驶制造的噪声和恐惧,还有它们飞速穿越时产生的冲击波,你们将会明白那些屏障不是虚拟的。我们的世界像你们的世界一样改变了,我们需要适应。为了适应,我们要迁移。如果气候变暖,我们应该迁向北方或爬到更高海拔的地方去。然而,如果路被封死了,该向何处迁移呢?

每年,仅法国就会失去65000公顷[1]农耕土地或自然空间,它们被水泥或沥青覆盖了,这是你们失去的,也是我们失去的。这样计算,每十年失去的土地有一个省的面积那么大!你们侵蚀自然空间的速度比你们人口增长的速度还快三倍!

我们昆虫类、两栖类、爬虫类,以及这类你们从不

---

[1] 数据来源:法国环境部观察与统计机构(SOES Environnement)/环境研究院(Ifen)。

关注的"小动物群"的其他成员们，都被这些不可穿越的障碍物困住了。而今天我们更需要迁移，因为气候变化了，这并不是与你们毫无关系。为了面对，为了能够适应，为了寻找更适宜的环境，我们可能需要迁移。祸不单行，我们的生存环境越来越差，加上你们制造的各种污染，导致近几十年来我们的数量逐渐减少。为了恢复数量，解决窘境，尝试从动态衰亡中走出来，我们应该去见见被困在城市或路的那一边的同类们。

我们要求的并不多：少砌些墙，多造些桥就好。你们知道，我们占用的空间也不大，给我们几个自然保护带，尽可能远离农药的侵袭，能让我们在那里找到自己需要的栖身之所。各种绿篱、水流穿梭其间，遍布青草、野花和小灌木群，再也不用看那些你们留给我们的修平的荒寂草坪。我们还需要你们在农场附近、城市内部或周边、你们的活动区域内、沿着你们的公路、高速路或铁路为我们留一点空间。这些相互联结的小区域可能不大，对你们来说也不费劲。这样生态环境会变好，你们可能是这些整治行动的首批受益者，这会让你们毫无生气的生活氛围变得轻松愉悦点儿。而对我们来说，这意味着很多、很多。

一位人类朋友告诉我，这些都已经在规划中了，你们称之为"生态走廊"。在生态走廊遍布全国之前，不仅需要考虑时间的问题，还需要你们不断改进对土地整治的设想，兼顾各方的需求，将生态基础设施纳入其中，让环境、生态系统和居住其中的生物之间找到失去的联结，重新相互影响、相互作用。

　　我开始有了小小的期待，不要太迟啊，不要让我等到地老天荒，我会着急。

第 5 章 请你们注意

美丽在观察者的眼睛里。

——奥斯卡·王尔德（Oscar Wilde）

为了不再走向灭亡，请你们注意！

你们注意到没？如果你们为了某项事业想进行宣传，需要一些知名人物和明星出席。关于生物多样性的高品质大型会议吸引不了媒体的眼球，无法上电视新闻的头版头条。然而，一个好莱坞明星、歌星或球星的亮相，就能吸引大量关注，事情就是这么运转的。是因为知名而引起注意，还是因为被关注而变得知名？

对于我们这些生物多样性的"非人类"代表来说，也是类似的。我们中的某些群体有权利参加一些宣传活动、访谈节目或进入保护区，其他群体则不行。为什么呢？是因为我们的大小？皮毛、羽毛或鳞片的颜色？珍贵程度？我毫无所知。说实话，好像没有规则可言。

最近，法国总理公布了一份非常正式的报告，目的是为"生物多样性经济及生态系统相关服务的研究方法"①提供参考范畴，指出了"普遍生物多样性"和"显著生物多样性"的不同。普遍生物多样性目前我们也称之为"普通生物多样性"。你们会对我说：普遍比普通好。普遍生物多样性就是日常可见的生物多样性，不是我们在媒体里宣传的，是我们大部分时间里没有注意到的，但它却是生物圈运行最重要的部分。例如，查尔斯·达尔文（Charles Darwin）最后一本著作《腐殖土的产生与蚯蚓的作用》的主角蚯蚓——土壤和景观的工匠，就属于这个范畴。然而，这种生物多样性无法动员人们积极行动。即使它引发了领导人和经济学家的兴趣，也仅仅是因为普遍生物多样性悄悄向人类提供了一些不可或缺的服务，即前面 TEEB 所说的"生态系统提供的支持服务"。

显著生物多样性，就是被关注的生物多样性。为什么呢？这是按照何种标准评定的呢？我不了解。然而，

---

① 战略分析咨询报告《生物多样性经济及生态系统相关服务》。

很显然，某些物种的命运比其他大部分物种的命运更能引发你们的关注。可能你们觉得它们更漂亮（我不应该在这里谈论你们的喜好），更有非凡魅力，可能它们身上有你们特别喜欢的某种特质。无论如何，我们在媒体上和精装画册封面上经常看见它们，它们的图片被贴在你们房屋的墙上，它们还被做成各种毛绒玩具送给孩子。为什么是它们而不是我们呢？

请注意，其他的物种——生物多样性的无名战士部队——也受益于这些有非凡魅力的带头者及保护它们的计划，因此，我们有时也称它们为"庇护伞物种"。在保护这些物种的同时，你们也保护了它们的生态环境、生态系统及与它们共同居住的生物。比如，在保护隐士甲虫（Pique prune）①——一种金龟子科的甲壳虫的同时，能够保护稀缺的绿树篱、栗林或截去树梢的橡树；借助白腹隼雕的地位也能保护其狩猎的旷野和丛林。然而，这样做就够了吗？在那些居住物种数量众多却没有任何显著物种的区域呢？这样是不是可以理解为有两个大自然：一个是人类无事可干、不需要再干预什么、却不惜一切代价采取行动进行保护的自然，另一个是他们任意

---

① 拉丁语名称为 Osmoderma eremita。——译者注

破坏一切、没有任何顾虑的自然？你们一定承认这种看问题的方式不太令人满意吧。

是的，解决方案的第一步就是人类关注全部的生物多样性，不区分空间或物种，重视保护任意地点和全部活动中涉及的生物多样性。一个真正的关于保护生物多样性的"战略"是以我们能够共同生存为前提的，你们和我们，包括在城市内，还有在你们从事农业及工业活动的区域内的共同生存。应该可以在规划你们的幸福生活的同时保证不破坏我们的生存环境。

对我，一只栎黑天牛来说，我不知道你们把我排在了哪个层级。对我进行分类、罗列和保护，都是徒劳无用的。你是仅有的几个对我这个物种感兴趣的生物学家。我也是费尽力气让自己被关注，这是不容易做到的。

第 6 章　大胡蜂很能说明问题

如果蜜蜂从地球上消失，人类将只能再存活若干年。

——佚名

近几年，这句引文〔一直被错误地认为是阿尔伯特·爱因斯坦①（Albert Einstein）所说的话〕获得了巨大成功，

---

① 没有任何可靠信息来源或其他人撰写的关于爱因斯坦的文章提及了这句话——爱因斯坦是物理学家，没有生物学方面的专长。该引文在 1994 年第一次出现，这是在爱因斯坦逝世约半世纪后。该预言很可能是毫无依据的：即使蜜蜂灭亡，人类的生存环境将会被严重破坏，人类可能也不会消亡，或者不会如此快地消亡。当然也很有可能人类这个极其脆弱的物种自身将是生态环境遭破坏的受害者，很有可能甚至在蜜蜂消亡之前……最好把蜜蜂看作一个简单的指示器或"环境的哨兵"（参见亨利·克雷芒〔Henri Clément〕、法比耶纳·谢纳〔Fabienne Chesnais〕的著作），现阶段蜜蜂数量的衰减向我们说明了很多我们生存的生态系统遭破坏的问题。

经常在你们的各种媒体上被热播，像令人伤感的怨诉，暴露了你们对未来的恐惧和信心的丧失。你们在报纸和聊天中谈到了很多关于西方蜜蜂的悲惨命运——谁谋害了蜜蜂？这是个谜团，一个很大的谜团。

　　这个剧本让人无法接受，因为没有应受谴责的罪犯。你们为此做了一些假设性的研究、诉讼性的讨论，还有很多潜在原因的分析，蜜蜂体外的蜱螨目寄生虫——瓦螨①，似乎被指认为罪犯。然而，瓦螨已经存在相当长的时间了。即便真的认定是它们对蜂群造成了损害，养蜂者根据需要采取了预防和治疗措施，蜜蜂至今仍然继续存活着。杀虫剂理所当然地被列入被告的前列，同时还有高强度的农业劳作、单一种植或小块土地集中整合等，这些都影响了野生蜜蜂或西方蜜蜂的生存环境。存在争议的转基因产品，它们与农业劳作的快速变革有关，对环境也造成了影响。电磁波有时也被列入，目前尚未有针对电磁波的扩散对环境造成影响的全面性研究。另外，还有一些其他的因素对西方蜜蜂造成了影响。如一些意外带入的新型疾病（病毒或寄生虫）非常容易让蜜蜂受

---

　　① 瓦螨的全名为 varroa destructor；destructor（破坏者）让人产生联想。

到攻击，让它们变得更加脆弱，因为被推向极端的基因选择会削弱蜜蜂的天然抵抗力。

总而言之，原因可能是多样化的，真相也是复杂的。蜜蜂群体的数量减少有点像电影《东方快车谋杀案》（*Le Crime del'Orient-Express*），所有人都是有罪的，每个人都给了致命一击①。所有这些影响因素的共同点如同我们看到的那样，全部与人类活动有关：小块土地集中整合或单一种植引起生态环境和格局的变化，转基因产品或杀虫剂引发农业劳作方式的改变，通过国际贸易引进蜂后、蜂群或养蜂工具，意外带入的寄生虫或疾病，甚至是强迫蜜蜂"改良品种"变成人类偏好的变性的或脆弱的"克隆"。无论如何，对于影响蜜蜂群体减少的各种因素，内在的根本原因似乎是可以找到的。接下来，顺理成章地就需要认真、客观地重新审视人类的活动及其对大自然造成的影响了。

但是，就在这个时候，理想的"罪犯"黄脚虎头蜂（别名"亚洲黄蜂"）登台了。不要低估它们真实的影响力，这些"替罪羊"具备罪犯所有的特质：来自异地，通过

---

① 专家讨论"鸡尾酒效应"或累积效应，目前尚未有充分的研究论证。

偶然的机会被引进来，是一个"外乡人""闯入者""外来者""入侵者"，它们引发了人们的恐慌。黄脚虎头蜂很容易辨认，目标明显，方便识别，同时会让人们产生各种错觉：它们会更具攻击性、更危险，比我们这里的其他黄蜂更多产。最关键的是，它们来得正是时候，人类进行的各种活动不再被质疑。不再拷问农业劳作方式的改变、大范围使用杀虫剂或环境变化对蜜蜂还有其他生物产生的影响，等等，因为我们抓到了"罪魁祸首"。关于集群衰减症候的复杂剧情被简化了。让复杂的假设和多因素的原因影响见鬼去吧，今后便是荷马传奇般的故事、好莱坞式的剧情。我们的疑虑被打消了，就是我们可爱的蜜蜂和来自别处的恶心胡蜂之间的斗争，这是2011年媒体宣传的热点之一。

为了解决这个问题，谁也不用再徒费心机想办法，不用再拷问人类与环境之间复杂的矛盾关系，不用再对农作物的生产方式进行质疑。过失已被认定，只需要布下天罗地网捕获入侵者就可以了。天网恢恢，肯定疏而不漏。

最近的一些评估又重新推翻了这些确定性的结论。抓捕亚洲黄蜂的天罗地网不仅无效，而且会对其他昆虫群体造成重大损害，对不需要这些的地方生物多样性造成了不良影响①。总之，打击亚洲不速之客带来了灾难，最终造成了更多的损失，远比"入侵者"带来的损失大。

实际上，蜜蜂会参与到这些行动中来吗？设想一下，在亚洲，长期以来，蜜蜂已经很好地学会了防御黄蜂侵袭。它们会成串地聚集在要捣碎蜂窝的黄蜂周边，压制住它，并升高蜂群中心的温度达到黄蜂不能忍受的地步，甚至能将它燃烧起来②。在法国呢？一些观察者发现这种防御行为开始逐渐出现。蜜蜂和新的噬食者之间的共同演化模式开始启动，调节机制自发出现了。

大黄蜂的故事很能说明与人类切身相关的问题，人类从这个昆虫学的寓言中吸取的经济和社会方面的教训有如下两个方面。

第一，即使很难承认，然而你们就是喜欢经常找寻一个简单的理由，宁肯指定一个罪犯来自我安慰，而不愿意面对真实世界的复杂性。有的时候很容易承认移民行为引发了失业，但无法寻找今天你们所面对的经济萦

---

① 科学研究中心－国立自然历史博物馆（CNRS-MNHN）的研究，参见 http://www.insecte.org/le/frelon-asiatique.html。

② 蜜蜂能承受的最高温度为43℃，黄蜂为42℃。一个小的度数就会造成很大的差别。

乱的深层结构性原因。或者可以不时地寻找引起气候变化的"自然"原因，比如太阳或火山的活动等，而无法面对人类在这些方面应该承担的责任，无法针对能源或农业活动模式方面进行一些改变。

第二，西方蜜蜂比较脆弱，那是因为不断地人工筛选及近亲繁殖，让它们逐渐丧失了部分的天然抵抗力。而大黄蜂似乎同更早行动的亚洲邻居一样，正在自己探寻有利自身发展的防御方式。人类应该更加信任大自然，让多样性和进化自主发挥作用。生物圈还有一些适应性和复原力，人类将是受益者，相信后续还会有更多的人从中受益。

然而，下一次再进口来自世界另一端的陶瓷、老轮胎、带树皮的原木或其他东西时，应该注意可能遇到的一些"偷渡者"。最好未雨绸缪，因为不乏"入侵"造成生态或经济方面灾难性后果的案例。[①]

[①] 有很多其他例子，我们举一个斑马纹贻贝（一种贝壳）的例子。这种贝类意外地透过压舱水被引进到美国的大湖区，对环境尤其是管道系统造成了巨大污染。更多关于入侵物种造成的影响的内容，可查阅维基百科"入侵物种"。

第 7 章
你们并不总是第一，也不是唯一

> 大自然拥有无穷尽的智慧和秘密，人类的经验尚不够发现或经历所有。
>
> ——列奥纳多·达·芬奇（Léonard De Vinci）

智人们啊，你们总认为发明了一切，深信你们创造了世界，或者你们眼中的世界，至少是你们需要的世界。请提前原谅我，接下来可能会给你们上一小堂可以让你们谦逊起来的课，来刺激一下你们的神经，当然，这并非我的本意。尽管接下来的语言有点犀利，但我写这些内容的态度是真诚的，并不是为了让你们难堪（天牛摸了摸触角）。我想说，动物们不是你们发展的绊脚石——从我讲述的关于动物的故事中，人类也能发现促进自己发展的机会。

你们是否认为只有人类发现了工具的用法？殊不知黑猩猩——与你们最接近的远亲，也在使用相当多类型的石头或木制工具。"生命系统树状图谱"里离你们更远的其他动物也使用工具，比如水獭用石头敲碎贝壳，或者一些小嘴乌鸦用细树枝掏出待享用的大毛毛虫。你知道有一些昆虫也使用工具吗？不知道吧，然而情况就是这样的。有些独居的黄蜂使用小石子来堆土，用于堵塞它们的洞穴，它们已经提前在里面产卵；还有编织蚁，它们用幼虫吐出的丝当线，用幼虫的茧做针，将树叶缝合在一起，建造巢穴。

你们认为是自己发明了农业或种植业吗？蚂蚁饲养蚜虫并保护它们不受瓢虫侵袭，将它们从一株植物转移到另一株，不断转移饲养，甚至用自己的触角拍打蚜虫的身体进行挤奶，刺激它们分泌蜜露。其他蚂蚁还能在自己的蚁穴种植蘑菇。它们将层层落叶细心地切成叶片，用来种植菌丝体。这对它们来说是一项重要的工作。在它们迁移新居，或者年轻的雌蚁们分巢成为新蚁后时，蚂蚁们总是会带上一小段珍贵的菌丝体用来重新种植。

你们可能会说，好吧，然而接着又会问，就像印刷这本书所使用的纸张，这是谁发明的呢？该不是昆虫吧？其实就是昆虫发明的！生物学的科学研究范式的缔造者雷奥米尔（Réaumur）在观察黄蜂利用小碎木屑筑巢后提出了利用木浆造纸的方法，随后经其他人继续完善，提出了利用布浆造纸的方法。

白蚁们发明了空气调节设备。一些通风的通道横贯蚁穴，这些气流来自可以深达20米的蚁丘，丘里的地下温度更温和、稳定，约12℃。丘里的温度调节依靠旁边的通道，外面的气流经通道中转变得清凉。如果外部气温降得太低，夜里通道温度会调节提升，蚂蚁仅需要调节通风管道的直径即可调节蚁穴内部的温度。以上便是社会昆虫白蚁发明的无需电力和石油能源的可调节空调。如此简单却如此绝妙。

其实所有这些"发明"都很寻常。数亿年来，生物们有充裕的时间进行无穷尽的多元化发展，能够发明出所有"问题"的"解决方案"。有些解决方案管用，有些则行不通。有用的解决方案能够被延续下去，某些甚至能够运用于不同的物种之间,专家们称其为"趋同演化"。例如，在生物发展史的不同阶段，以及差异较大的种群中都出现了翅膀，昆虫（最先的）、爬虫、禽鸟或哺乳动物（还有蝙蝠）都有翅膀。还有小豆长喙天蛾，这种永不停歇采花蜜的蛾类的悬停和长喙很容易让人联想到蜂鸟。还有一些甲壳纲、介形纲生物，非常像双壳类软体动物，以至于时常需要将它们解剖开来才能进行区分。

像蚂蚁和人类，这两种完全不同的生物都发明了农业和工具，算是趋同演化的案例吗？这给了我们什么思考呢？这些发明是起源于群体的力量还是个体的力量？这是一个自觉的、涉及意识和智慧层面的问题？或者这就是一个自发的、关于环境不断演化的问题？我们仅需要寻找一个简单的答案：是群体还是个体发挥了关键作用？

人类的每一个个体可能都是极非凡的，他的智慧和认知能力在生物圈里无物可及。然而，人类似乎直至今日仍然无法将自己了不起的潜能编织成一张认知网。相反，昆虫们似乎建立了人类欠缺的某种集体智慧，尽管它们每个个体的认知能力相当有局限性，但却能促进这种集体智慧的浮现。

人类，你们现在面临的挑战是在发展这种集体智慧的同时，不牺牲你们所拥有的个人智慧、批判精神和自由意志。要学习合作，动员所有人的智慧和创造力，描绘共同愿景，这些都是最重要、最急迫的任务，应在不久的将来被提上日程。在这些条件具备后，你们能更好地武装起来，着手进行社会需要的变革。

第 8 章 大自然是创新最好的盟军

> 应该在任何有可能学习的地方进行学习。
>
> ——瓦茨拉夫·哈维尔（Vaclav Havel）

是的，在很多情况下，你们都被超越了。不要觉得很痛苦，人类这个物种很年轻，刚刚经历数万年创造文明、发明工具和建立某种生活方式的历史。而总体上来讲，生物圈在其存在的这 38 亿年中有很多的时间摸索着进行实践，检验着各种创新。你们应该认为这是一个机遇：生物多样性的托盘里奉上了一个称之为"大自然"的实验室，难道尝试摸索如何从这里获益不是一个好主意吗？这种来自大自然的用于创新的启迪方式有一个名字，你们的专家称之为"仿生学"。

我们首先列举几个案例，这当然是我偶然从昆虫们那里寻来的。

前面，我已经介绍了白蚁和它们可调节的空气循环系统。全程不需要任何的能源，仅简单地利用热空气轻于冷空气会逐渐上升的原理即可。人类的建筑师利用同样的原理设计了一些建筑物，利用空气从底部向上直至屋顶循环来让建筑物变得清凉。利用免费的能源达到了适宜的温度，这太棒了！借鉴是有益处的，难道不是吗？然而你们目前的建筑物相当多的是如此的耗能，夏天是蒸笼，冬天是冰箱。白蚁蚁穴与空调对决，白蚁胜出。

鞘翅类昆虫通过甲壳获得保护，甲壳含有一种特别的聚合物——几丁质。这种物质拥有若干优良特性：密封、结实、抗性强，并且透气，结构体自然着色，无色素添加。如果是装炸薯片的袋子，为了获得同样的多元功用，你们得使用七层不同的塑料！在你们吃完薯片后要回收利用袋子的时候有点麻烦。

在智人出现之前，大自然的生物仅使用五种聚合物[①]，如木纤维素和昆虫几丁质，或者一些蛋白质（像皮毛或毛发的角蛋白），这些物质便能够满足生物们全部

[①] 这五种聚合物(或大分子组成物质)分别是淀粉、纤维素(单体为单糖，如明胶和果糖)、蛋白质（单体为氨基酸）、几丁质（糖和蛋白质的混合物）和乳胶（蛋白质与生物碱的混合物）。

的需求。而你们智人用仅仅五十余年的光阴便使用了约三百五十种聚合物，这个数字目前仍在增加。这样能带来什么益处呢？请你们认真思考一下。

大自然注重改变物质和材料的结构和配置，而非增加物质和材料本身，这样做的益处是多重的：基础组成物具有通用性，没有浪费的风险，没有残留毒性，很容易被回收利用。

鞘翅目昆虫的几丁质与炸薯片包装袋对决，鞘翅目昆虫胜出。你们不要失望，再给你们第三次机会。

我们现在来看一下传粉的昆虫们，尤其是土蜂和蜜蜂。没有人知道它们是如何传粉的，传粉问题类似"旅行推销员"的老问题。在解决这个问题方面，蜂儿无人可敌。我们可以很简单地阐述一下这个经典的数学问题，即找到地图中随机使用的地点返回到出发点的最短路径。蜜蜂可以使用最短的时间来采集尽可能多数量的花蜜，并尽可能地节省时间回到巢穴存放它们采集的珍贵花蜜。旅行推销员或送货员在晚上回家前需要到访尽可能多数量的城市或客户，尽可能少地开车跑路消耗燃料。这么说起来似乎很简单，然而69个点要与出发点连接起来（69朵花，69个城市等），这虽然是一个微小的数字，但可能路径排列组合计算出的数字的位数能达到100位。

目前，解决该问题唯一的方式是利用电脑计算。比较所有可能的排列组合，选出最优方案，这对电脑来说可能需要几个小时的时间。蜜蜂是怎么运作的呢？只有它们自己清楚。借助大头针的针头大小般的小脑瓜，蜜蜂们能够实时地跟你们最好的电脑软件一样精确解决算法问题！蜜蜂与电脑对决，蜜蜂胜出。

局点，盘点，赛点，比赛结束！[①]

来，重新开始。再来看看你们如何能从这场比赛中获益。这三个案例的共同点是，大自然在这些情况下仅用了很少的手段就达到了和你们一样的效果。大自然创造的空调设备没有电和制冷剂，这也是你们能做到的。这样耗能少，污染也少。聚合物少且能被生物降解的包装袋能够减少垃圾和污染。优化的物流系统可以减少燃料消耗和交通造成的环境危害，降低危险和污染。人类要认真思考一下，为了避免能源稀缺、气候反常、污染

---

① 原文为 Jeu, set et match。这是网球比赛的规则。在比赛的某一局里，选手领先对手一个球且拥有发球权的，被称作握有"局点"(game point)；如果赢得这一局后又恰好可以赢得一盘，就可称作"盘点"(set point)；如果赢得这一局后就能赢得比赛就称作"赛点"(match point)。——译者注

毒害，以及垃圾堆积如山等情况的发生，你们应该从大自然发生的案例中汲取灵感，找到几个技术层面创新、生态层面环保、经济层面可行的解决方案。

　　上面我仅列举了三个案例，出于"昆虫沙文主义"作怪，我只选择了我们昆虫领域的案例。其实生物多样性里有很多案例，而且一个比一个更吸引人，即便一本巨著也无法写完①。比如，蜘蛛丝的组成物质与凯夫拉纤维一样既结实又柔韧。唯一不同的是，人类需要耗费大量的能源来高温蒸煮凯夫拉纤维，分离出大量无法让凯夫拉纤维循环使用的有毒成分。然而，蜘蛛在常温下就能利用死苍蝇，也就是普通而无公害的有机碳来制造蛛丝。如果需要，蜘蛛也可以吃下旧布来重造新布，展示了蛛丝惊人完美的可循环使用性。还有贻贝用于将自己固定在岩石上的黏合剂，这种黏合剂可以适用于任何温度，甚至在水下也可使用，完全无公害，黏合效果比你们最好的化学胶水还要强。

　　为什么生命在地球上存在了几十亿年，从未中断，

---

　　① 参见 Ask Nature（http://www.asknature.org），可以查阅免费的相关数据资料，上面有很多各领域的现实或可能的应用案例，目前仅有英文版本。

并持续保持着创新和不断变化？因为它有一个秘密。准确地说不是一个秘密，应该是几个秘密、几个根本性的原则。我想揭开面纱的一角让你们看个究竟，然而有一个条件：你们得向我保证要将这些观点传播出去！

在向你们交代这些"成功的关键因素"之前，我想强调一下，正如顾问们所讲，大自然不是依照你们的模式来运作的，不是为了一个问题来寻找解决方案。在生物圈中，没有预先建立的计划，没有可遵循的方向。面对丰富的生物多样性，只有大量的原动力，这些原动力源自创新进程中最强大的一步——生物演化。通过生物演化这个进程，每个物种都能较好地适应环境。然而，在各个物种里，每个单独的个体都与其他同属的生物略有差异。这种小差异造成了生物个体间的根本区别。在自然选择的压力下，那些行为表现最适应自然的个体将得到保留，接受演化带来的源源不断的创新方案。在物种及其生存环境之间相互作用的惊人原动力影响下，环境也在不断地演化。生态系统的变化不是匀速的：或者非常缓慢和渐进的，像地球自转轴变化引起大陆板块漂移或气候变化那样，或者很突然，像陨石坠落给恐龙们致命一击那样。然而，无论快慢，生命最主要的衡量是变化，这种衡量性能越出色，就越能完美地适应其所在的环境，可以说没有任何物种是永恒地或能够一成不变地保持原状。研究演化的生物学家们将"红色皇后"跑步机理论与这种恒定的变化运动进行类比。在《爱丽丝漫游仙境》的场景中,爱丽丝和红皇后要不停地奔跑才能在移动的景致中停留在原地。

这些貌似有些让人失望。毕竟,如果一切一直都在变化,而演化没有"目标",那么人为改造自然有什么用呢?寻找永久的解决方案是无用的。它不存在,即使存在也是暂时的。如果你所谓的完美是静止的,要构成一种持久稳定的状态,那么这种"终极完美"是无法触及的。在生物圈中,规则是变化,不存在上述的稳定性。生命如同骑自行车的人,只有不停向前才能不跌倒。无论什么情况都要前进(只不过每次进化都是微小的),需要借助那时现存的环境展开。伟大的古生物学家史蒂芬·杰伊·古尔德(Stephen Jay Gould)经常说:进化在它现有的条件下展开。在可能的时间和地点,通过连续的作用,生物得以持久地延续下去。

如珍妮·班娜斯(Janine Benyus)[①]所说,生命创造适宜生命存活的条件。这似乎是一个颠扑不破的真理,然

---

① 珍妮·班娜斯(Janine Benyus),美国生物学家和评论作者,仿生学研究所创始人,著有《仿生学》一书。

而事实并非如此。生命让环境变得丰富，在同温层创造了臭氧层保护，制造了土壤，稳定了海洋中的化学物质，调节了气候。更令人惊奇的是，生物的多样性以及生物要增加这种多样性的自然倾向，让生物拥有了适应能力和我们称之为复原力的特性。这种复原力也是防御意外或被打击后自我修复的能力。

不妨思考一下，如果生物圈38亿年的演化都不算持久，那什么算是持久的呢？

这种持久性的秘密是否存在于这种自然变化的持续性以及生物的快速适应性和有韧性的复原力中？追求人为改造的完美自然，是空想的和徒劳无功的，这种赌输后继续下双倍赌注、一条道走到黑的行为让你们在自我的怪圈中无法自拔，那还不如致力于寻找更强大的适应和演化的能力、更大的修复能力。冲浪冠军不选择征服海浪，而是在他遇到浪尖时保持平衡，并尽可能长时间地保持这种平衡，即便浪尖的起伏不可预测。

亲爱的智慧人类，在几十万年前你们出现的时候，你们就已经发现了刚才我谈到的适宜生命生存的条件。直到现在，你们才开始明白要保护这些条件。然而，为了要掌控大自然，控制生物和与之联系最紧密的环境，你们已经开始损坏自己幸福的基础了。你们开始创造一些从未存在的所谓有机物，妄想从原子层面来控制物质。明天，你们还会幻想掌控气候或海洋的酸碱平衡度。

20世纪的学者让·罗斯丹（Jean Rostand）写道："人类变得过于强大，开始干一些不应该干的事情。人类超强的能力让他们仅关注效能的实现而忽略了其他。"人类很有想法，可能也明白了很多东西，但有一点需要强调的是，不应该做不合理的事情。大部分时间，你们自以为做得很好，并且期望世界变得更加美好，认为应该将"偶然性"——生物的"发动机"清除掉。然而，你们的梦想可能要破灭了，它们变成了可怕的幻影，与"美丽新世界"[①]如出一辙。

若干年前，有些人开始尝试在广袤沙漠的巨型温室中复制生态循环系统，创造一个微缩版的地球。他们将现实的生物圈称为"生物圈1号"，将人工生态系统称为"生物圈2号"。为了进行实验，他们在这个封闭的温室中复制了原始森林、海洋、沙漠、农耕区和潮湿区等。如此大手笔进行实验的目的是复制一个封闭的生态系统环境，为星际旅行做准备。"生物圈2号"能够让一些人完全自给自足地呼吸、吃喝。然而，很快，全部都紊乱了。二氧化

[①]《美丽新世界》，一部灰暗而有预见性的科幻小说，阿道斯·赫胥黎（Aldous Huxley）的作品。

碳排放量急剧攀升，空气变得无法呼吸。人工生态系统还是无法净化空气和水，无法回收利用垃圾，无法向人类居民提供食物，试验者们只能比预设周期提前停止实验。这次实验完全失败了。几百种动植物被引进了温室并获得了顶级的资源支持，大量的技术手段和资金投入进来，然而一切都是枉然。这次的教训是：真实的生态系统相当复杂，无法完全复制，需要将地球上居住的生物整体等量同比例地移植进来才行。我们可以得出这样的结论：你们不能像控制汽车或发电站那样来控制生物。

好像有点长篇大论了，下面就来说几个"生物的秘密"[①]吧，我答应过你们的。

1. 从太阳中汲取能源：自从光合作用出现，生物全部的能源都来自太阳。这种能源是免费的、取之不尽的，能够通过众多衍生物，如生物能、风能、海浪或河流等来发挥作用。人类很聪明，还能够利用其他完全不依托于太阳的能源，如潮汐和地热等。那么，石油和铀呢？还有必要使用它们吗？

---

① 这些衡量以及"仿生学的三个阶段"，均受到仿生学的开山著作《仿生学》的启迪，《仿生学》为珍妮·班娜斯 1997 年所著，2011 年被翻译成法语出版。

2. 不要污染了自己的居所：在大自然中，几十亿年来，一切都是可以永久地循环利用的。生物制造的物质、毒素全部都能够被其他生物分解和循环利用。①

3. 精打细算，恰到好处地使用能源：每个生物、每个物种都会与其他群体竞争有限的能量资源。因此，能源应该用在有必要的地方，生物会采用各种策略来节约能源。

4. 灵活巧妙地使用材料：植物或其他生物的性能更多地受材料的结构及材料组成的方式影响，而非仅仅由其固有的机械特性决定。材料刚硬或柔软，坚固、耐裂的性能都能够被优化，以尽可能地节约资源并获得最好的使用效果。

5. 重视生物多样性：在大自然中，生态系统越多样化，种群的生产力就越强、越有复原力，也就是说种群的繁殖能力和受冲击后的重建能力会提升。多元化种群之间的相生相克、合作补充，是成功的关键。

---

① 所有规律都有例外，这里也有一个：煤炭。它取之不竭，用之不尽，但是使用的代价是气候紊乱。在昆虫和其他无脊椎动物尚未出现的时代，土地被植被覆盖，在广阔的原始森林的基础上，煤炭形成了。分解枯木的昆虫还没有出现，这些枯木得以大量堆积，埋藏形成沉淀物——煤炭。然而，自从人类出现后，我们发现，煤炭不再形成了。

6. 分享并巧妙处理信息：生物具有能够通过获取和处理对生存很重要的信号的能力，高效地利用能源和物质。

7. 优先使用地方性资源：在大自然中，首先生物利用地方性资源，然后生态系统通过地方性的循环反馈系统来运行。

纵览以上这些"秘密"，大家能够发现，通过这种持续变化的内在原动力和外在筛选的演化压力的共同促进，生物才能延续并发展至今。

我本应该能够像这样继续讲很长时间，然而我认为你们已经明白我的观点了。想想在大自然中，生物系统按照复杂程度呈迭瓦状排列：细胞、机体、种群、生态系统。我们刚看到的上述原则出色地应用于每个层级，你们可以思考总结它们的形式和功用（如何作用于白蚁穴、鲨鱼皮或鲸鱼鳍）、程序和过程（蛛丝合成物或贻贝黏合剂纤维），还有生态系统自身的构成。所有这些解决方案，无论来自大自然哪个层级的启迪，都能够供你们使用。人类可以用来构思产品和物品，制定生产程序，在工业系统、城市或乡村里组织材料和能源的交换和流通。

下一次如果你们有技术问题要解决，不要忘记咨询你们的生物学家或者去森林寻找启迪（天牛摆动着触角），我会在那里等你们！

第 9 章 石油

> 那个东西太珍贵了,被烧掉太可惜。①
> ——德米特里·门捷列夫(Dimitri Mendeleïev)

我是食腐木的鞘翅目昆虫,被生物学家们称为"依附型物种"。为了生命的存在和物种的延续,我会把树木作为宿地和庇护所,因为我很脆弱,必须专门依附于特定的一种或几种树木。所以说,栎黑天牛是以关键资源——老橡树的存在为基础的。令人遗憾的是,这些树种濒临灭亡,快要和栎黑天牛永别了。

值得庆幸的是,我们还没有到最后那一步。橡树目

---

① 摘自门捷列夫 1882 年致沙皇亚历山大三世的一封信,原文为:"那个东西太珍贵了,被烧掉太可惜;我们烧石油便是在烧钱;应该将石油作为化学合成的原材料来使用。"

前的数量还算多,即便生长缓慢,但能够通过果实轻松地实现播种。我不清楚幸福是否会在牧场草原里,对我来说,未来就在橡树果实里。

你们人类很幸运,是杂食动物,可以吃几乎所有的东西:种子、坚果、根茎、块茎、叶子、果实、菌、蛋、鱼,还有很多想不起来的食物。自从人类20万年前在某个地方出现,你们便能够熟练地利用大自然慷慨献出的所有资源:石头、木材、皮层、竹子、毛皮、黏土、麦秆、纤维等。通过几万年时间,你们充分证明了自己超强的适应性和占领不同气候环境下的全部空间的能力。

自恃有了这样的砝码,你们的前途可就不仅仅让人羡慕了。毋庸置疑,有如此适应能力的物种,在演化进程中的命运该是最辉煌的。结果却相反,你们走了很多弯路,进入到了迷信自我探索能力的误区,反而让人类变得脆弱易损,面临着可怕的后果。

作为生物个体,你们并没有发生变化。从生物学角度来看,你们保存了全部的能力和潜力。然而从整体上来看,经济和发展模式的选择让你们变得过于"专心"和脆弱。你们完全依赖于石油——从自然中"提炼"出来的现代社会维生素——人类的核心资源,而这种资源却面临消失的危机。

更讽刺的是，你们的祖先发现石油的时候就像母鸡发现刀具，这个油腻的让人恶心的液体当时似乎没有任何用处。更糟糕的是，渗出石油的土地没有任何价值，因为那里没法再放牧。当时石油最大的用处是润滑四轮货车或嵌填船缝。到了19世纪初，石油还没有发挥出什么更大价值。后来，有人意识到通过燃烧石油来照明。虽然味道不太好闻，还会散出很多烟灰，但确实很实用。这时，坏习惯很快便养成了：既然石油那么好烧，为什么不用作锅炉燃料呢，然后用于蒸汽机？活塞发动机的发明开启了石油的黄金时代，直至今天还没有什么能超越其带来的成功。专业领域的经济学家保罗·弗兰克尔（Paul Frankel）说："石油是液态的。"石油的成功凝聚在这三个词里：更容易提炼、存储和运输。天然气太易挥发和爆炸，而煤炭需要从煤矿中提取，比较费力，也比较危险。石油的密度非常大，比木头大得多，它引发了19世纪末20世纪中期工业和运输业的巨大飞跃。石油的化学组成物能够形成各种衍生物，因此元素周期表的创造者德米特里·门捷列夫向沙皇写下了本章篇首的那段文字。我们可以利用石油制造几乎全部的东西：燃料，当然，还有溶剂、润滑剂、肥料、塑料材料、合成纤维、涂料、漆，等等。

石油在人类的日常生活里无处不在，要么直接融入了物品或衣物的组成物里，要么以另一种专家称之为"隐含能源"的形式参与到物质的生产过程中。瓷质或玻璃质物品高温烧制需要石油；水泥梁的制造需要石油来焙烧石灰岩，分离碳酸盐和钙；金属物质需要借助石油提纯矿石并将其融化；黏合木制品是石油化工的产物，更多的成分是黏合剂，而非木材。你们的物品或食品的海陆空运输也几乎全靠石油及其衍生物。

更糟糕的是，今天你们的农业更依赖的是石油及其衍生物，而非其他能源（水除外）。以氮、磷、钾为基础的肥料是通过石油和天然气的化学作用制造而成的。如果没有了它们，生产模式还停留在给田地施化肥的阶段而没有发生根本性改变，农业生产率将面临降低的危机。

在人类发展史的其他时期，都没有发现人类如此单一地依靠某一种原材料。

如果石油储备用之不尽并且均匀分布，所有这些都不是问题。然而，情况并不是这样。我们所说的"常规石油"（容易提取的液体形式）在全球的储量分布不均，主要集中在某几个国家。他们抓住了需要石油的发达国家或发展中国家的命脉。即使这是一个敏感的话题，但不得不说的是，当前的几场战争都显示出你们想去争夺你们日常所需的那部分黑色液体。它们分布不均,并且不是用之不竭的:需要几百万年的时间来完成在深层地下的成熟过程,才能产出高品质的黑色黄金。所以说,在你们生存的有限时间范围内,石油是不可再生的。石油的形成需要一些特殊的生态系统和地理条件,可能每一百万年才能复现一次,你们消耗的速度比它再生的速度快一百万倍。这就像是我们只从一个箱子汲取东西,从不填充,按数学计算的方法,总有一天我们要开始刮箱底了。

烦恼要来了,所有人都需要石油,供不应求,导致价格攀升。预计市场供应会变得更加稀缺,炒作让价格飞涨,社会效应马上显现:农业依赖石油,食品价格飞升,最底层民众最倒霉。道路交通、渔业、农业等各经济分支都将失去稳定性。伊凡·伊利奇(Ivan Ilic)说过:汽车可以解决距离制造的难题。对于收入最低的人群来说,原本可以住在远离市中心、远离企业聚集地的区域,公共交通无法覆盖对他们不是一个问题,开车就可以解决。而现在由于油料成本的攀升,从人们的家到工作地点的路费成本很快让人们无法承受。

当然,还有一些"非常规石油"。这些非液态的碳氢化合物虽然很难提取,但蕴藏量丰富。这些众所周知的

"页岩气""页岩油"和其他油砂尚存在争议,它们贮藏量大,但提取成本高,对环境造成的损害也很大。还有煤,分布均匀且藏量丰富,也能为人类提供多种使用价值,比如制造液态碳氢燃料。有这么多的丰富资源似乎很好,但实际并不完全是这样。

首先,对这种"非常规石油"进行开采、提纯、运输或储藏的成本更高。"石油是液态的"这句话也解释了为什么用泵很容易打出来的碳氢燃料相对会便宜些。如果这些碳氢化合物形态黏稠、浓厚,甚至被环境转化成了固态或气态的碳氢化合物,紧密地与多石易碎的母岩或砂岩和泥浆融为一体,那就需要艰难地将其分离。这样,就不能再通过普通的经济学数学模型来直接计算其使用成本了。现在还没有任何国家真正做好准备来面对这个问题。

这些碳化石的存在本来不会影响任何人,它已经被埋藏数百万年,远离生物界,安全储存着。然而,近150年以来,它们被大量释放出来,进入大气。尽管这种做法所产生的最终后果仍有争议,但其现实影响已经不可避免:至少数百年,大气的化学成分发生改变,对气候以及海洋、土壤酸性的影响或多或少可以预见,对生物圈的影响也是显而易见的。这应当引起你们的重视,作为生物的一分子,你们同我们一样无法逃避由此引发的后果。

我不是要给你们上课,我只是一只沉迷于森林的小鞘翅目昆虫。这个黑色液体已成为你们依赖的可怕毒药,你们要尽快着手戒毒治疗。尽管可能还有数百年的时间,但你们应该尽快研究解决方案以度过危机,这不是一个坏主意(总不能等到石油用光的那一天再行动吧)。你们有如此多的才能和资源可以利用,没有必要将赌注下在一个单一的资源上。毕竟,你们也不想在走出石器时代的时候用光所有的燧石。你们会看到,刮骨疗毒是一种新生,会开启全新的前景。另一种经济模式——适度利用石油和化石能源,是可能的,是能够为所有人提供更广阔的前景的。我们随后会就此进行讨论。

第10章 经济是用来做什么的

> 如果人们只有一种想法,那么没有什么会比只有一种想法更危险。
>
> ——阿兰(Alan)

像之前承诺的,我们现在来谈论一下经济。经过我的讲述你们很快会明白这是怎样一回事,毕竟我们已经讨论了经济最复杂的那一部分。像我们讨论过的生物多样性经济学,还有刚才聊的石油的繁荣和没落,这些都是经济。可以说,都是宏观经济,属于比较理论的层面,相对于我们现在要谈论的更难理解。我们马上要进入细节、关于事物和实用的层面,看实践是如何开展的。你们会发现,这更接近你们的日常生活。

仅仅像我前面所做的——批评你们的发展模式,这是不够的。建议是必要的,即寻找一些解决途径和可以选择的道路。我无法确定它们是否能够满足所有生物的需求，是否能够比其他的解决方式更有利、更令人愉悦，以及它们创造的新就业机会、融合的新前景和生活环境是否既适合你们的同胞，同时又能与我们非人类的需求相兼容。

今天，简要概述一下，我看到有三个非常简单的规律在影响人类经济的运转。第一个规律，费尽心思求增长。也就是说，不仅要规模上的增长，还要处心积虑地不断"改变"。要生存下去，你们的企业要不断地卖东西给顾客。如果企业发明了完美、坚固和持久的产品，它便无法长时间存活了。因为一旦每个消费者都得到了耐用的产品，企业的再次销售就无法实现了。因此，"计划性报废"诞生了：应该让消费者在若干年后有再次购买新产品的需求，因为他以前购买的产品已经破损或用坏。企业或为企业服务的专业顾问会在设计产品的阶段便将产品的易损点考虑进去。这个似乎有些不择手段，然而灯泡、洗衣机、尼龙袜、打印机和其他众多日常用品都是这样设计的。另一项策略是让顾客有再次购买新产品的意愿。要做到这一点很简单，只要每18个月或每两年推出一个新版本，将外形全新改版。这样旧版看着就会有点过时，并且在新版上完善或新添一些或多或少有用的功能。这些边缘化的功能或创新其实很早前便准备好了，只要分期发布，制造新品发布的效应，充分掌握消费者渴望借此获取社会身份或认可的心理，就像夜间的飞蛾有强烈扑向灯火的意愿一样。需求和欲望是让机器运转的关键因素。没有需求和欲望不要紧，我们可以创造和激发它们。

第二个规律，你们的经济是线性的（直进直出）。从一端提取自然资源，而在另一端排放垃圾。这个过程会经历一些中间步骤：提炼、精制、加工、运输、存储、使用，然后很快进入报废阶段，排出或焚烧为废弃物。这就是专家们所说的产品生命周期。根据这项原则，纵观所有的步骤，我们会发现每年经济所调动的资源中的很大一部分都丢失了，在年末之前被真正地浪费了。比如，每部手机的生产会调动各类矿产和石油近 90 千克，而在到达最终消费者之前，99% 的能源都已消耗掉。如果购买者使用手机的周期能达到 18 个月以上，这就已经相当不错了。这种直线经济会产生两个问题：第一，总是需要提取更多的原材料，来自采石场、钻井、砍伐森林、生态空间；第二，不断制造更多的垃圾，你们只知道制造垃圾。某些人将会破坏世界另一端的其他人的生活，在非洲、印度或中国创造出了很多杂乱的露天垃圾场或所谓的"拆迁工地"。

第三个规律就是"外部性"。这个抽象术语想表达的意思就是："让其他人来负责把这些地方恢复原状吧"。①空间浪费、污染扩散、气候破坏、生物多样性削弱，这些造成人类的生存成本急剧提升。不是现在就是未来，其他人会为此买单。其他人是谁呢？可能是现在的全人类、下一代、人类廉价购买原材料的贫困国家、穷苦劳动者，等等。如果这些已经转嫁出去的成本突然毫无征兆地转由生产产品的企业支付，可能很多材料原产地的生态环境就回不到原来的状态了。如果提升的价格被转移到消费者身上，却没有人来为商品买单，消费市场就会崩溃，众多企业会停止生产活动，政府也会垮台。

如此来看，问题似乎难以解决。这个系统无法支撑下去：因为目前它在尽力掩盖缺陷，几块匆忙填补上去的补内胎的小橡皮掩饰了真实的脆弱。如何能真正解决问题，走出困境呢？

在回答"怎么办"之前，先来看看"为什么"。毕竟，即便今天的系统是不稳定和筋疲力尽的，经济近几十年仍然出现了人类历史上空前的增长，让数十亿人的生活

---

① 罗兰·古居尔（Roland Couture）：《经济增长、经济危机和经济突变》，阿玛栋出版社（L'Harmattan），2011年。

达到了出乎预料的舒适水平,让另外的十亿人能够期盼更美好的生活。我们难道不能进行一下表彰吗?毕竟到现在为止,这种旧的发展模式取得了一定成绩,是不是可以再给它一次机会呢?不过,似乎应该考虑一下还有大约四十亿处于发展道路边缘的人类怎么办?还有与发达国家相比已经形成的贫富差距,该如何解决?还有自然资源加速消亡和生物圈的破坏问题,这让几十亿人类能够舒适生活的机会越来越少。这还没有考虑未来四十年即将出生的至少三十亿人口的生活境遇呢!

近几十年重复出现的经济危机不仅仅是间歇性经济发热,更是亟须深化变革的前兆信号。期盼也许哪一天就回归"正常"了,是没有用处的。另外,怎么才算是"正常"呢?没有什么与以往一样的东西了。你们中的某些人将这场变革的特征定义为"稀缺资源倒置":第一场工业革命建立在自然资源丰富且廉价的基础上,只是知识构成、工作能力和革新能力仍然稀缺。按照逻辑,你们的爷爷辈创造了利用丰富资源的经济,努力实现机械化、自动化、标准化,实现这些稀缺品的生产力的效益。在这种迫切需求下,批量生产诞生了。而今天的形势完全不同了,石油廉价的时代已经过去,自然资源变得稀缺,生态系统提供的服务被削弱或破坏。相反,你们获取的知识从未如此的丰富和密切相关。人类受到了前所未有的、更好的教育和培训，尽管有时在社会中仍然存在非常明显的、难以令人忍受的不公平现象。一些全世界能够协同工作的工具——比如互联网——出现了。这让世界能够进行前所未有的、更快的变革。在这样的条件下，你们继续按照自己的方式改造世界，却不再重新考虑你们创造和分配财富的方式，这是不可行的。"和平常一样"，实际上就是"和以前一样"。这不再是一个合理的选择。这种稀缺资源倒置的现象引发大家思考一个更合理的答案。在资源丰富、智慧稀缺的情况下，可以让经济适度地利用能源和自然资源，更加深度地开发智能和劳作。然而在所有的趋势反向发展的时候，我们应该如何做呢？

在这种情况下，我想提出一些建议，作为你们洞察和批判的参考资料。我已经建议你们从大自然汲取灵感，在平原和树林中寻找解决之道，更好地理解大自然的运作模式，也许能从中寻找新工业革命的发展道路。我们一起吧！

第 11 章
创造一种新的财富制造模式

> 没有什么能比时间来临的紧迫感更有推动力。
>
> ——维克多·雨果（Victor Hugo）

在大自然中，我们所能看到的所有东西都是可循环的，能够被无限回收利用。因此，能源是在以一种高效的方式被使用着。循环经济努力借鉴生态系统的运作模式，在这个系统里没有垃圾，一切都是资源。一棵树在生长过程中会调动地下的矿藏、水和它所吸收的太阳能，来聚集复杂分子。在它死后，木材会慢慢分解。首先通过昆虫和菌类来分解，然后是借助蠕形动物的帮助，还有整个微生物链的伴随物都会参与其中。这样，组成树木的每个分子和原子都能被回收，随后再次被其他树木所利用。循环经济是一种概念，将生态系统的运作模式直接搬到人类的生产系统中。你们会发现在这种经济理念的作用下，生产系统变得非常灵巧，能对简单元素进行检测、提取、聚集、组合，最终变为复杂物品。如果不遵循这种理念，可能结果会非常让人失望。

这个概念远高于你们所说的"回收"概念。它依据的是根本性的生态设计理念——"从发源地回到发源地"，并限制物品外部性，即让每个物品的设计最大限度地控制其在生命周期内的不良影响。在漫长的生命周期中，物品从必要组成物的生产开始，到其自身的生产，再到运输、存储、使用、维修，到其最终损坏、不可再用，最后彻底分解、回收利用，从而开始一个新的循环。循环经济的具体实施策略是"工业化共生"或"工业化生态学"，即效仿生态系统在活动区或工作区的行为模式，对能源进行分级再加工[1]，系统地建立各项工业副产品的本地化出路。这些副产品包括木材垃圾、有机材料、矿泥、

---

[1] 在一片热带森林中，太阳光的光子能被分级使用：位于林冠的植物承受高密度的光线和强的UV；在稍低一些的植被层面，植物可以适应强度稍弱些的光线；再到草质层甚至苔藓层，它们可以承受半庇荫的光线。在这个架构中，没有能源光子可以直达地面。在一个活动区间里，可以设计一个高压水蒸气的能源流转，流动过程以高温进行，而某些应用仅需要利用余温（比常温稍高一点），比如温室、水产养殖池或楼房的升温。

颗粒材料、石膏、粉煤灰、磷酸盐、硝酸盐等。所有这些工业副产品有时仍被认为是垃圾，会被焚烧或原样扔进垃圾场。但其实，它们能作为初级原料用作其他用途或用于其他活动领域。

"工业化共生"概念逐渐在全球范围内扩散，涵盖了各行各业。不仅有水泥业、提炼业、能源发电站、罐头食品工业、制酶或生物技术等工业领域，还有温室农业、鱼塘养殖等非工业领域。"工业化共生"将原本要在大自然中扔掉的物质重新聚集起来并进行各种交换，这样既节约了能源（暖气、空调、肥料、材料、碳氢燃料等），还保护了环境，减少了垃圾和污染的排放。

生产领域的循环经济的必然结果之一，便是消费领域的"功能经济"。这是一种新的创造价值的方式，旨在将产品的使用和服务属性与生产这些产品的原材料和能源分离，强调产品的使用而弱化产品本身，即终极目标不是产品自身，而是对产品所提供的服务。这种经济模式的特征是产品不再销售给顾客，它的所有权属于制造商，制造商对产品的全生命周期负责。制造商是所有者，接近寿命尾声的产品不再是外部性的，不应该再把产品交给其他人处理。制造商需要生产其他能使用更长时间的产品，这些产品能够修理或升级，其组成物质能够被分解进而回收利用。在这种价值创造模式中，服务的品质是最重要的，计划性报废无论对谁都不再有任何意义。

你们是不是还不太明白？这很正常，我们刚开始进入正题。现在来举个例子，选一个你们意料之外的领域——工业领域的案例。

A企业需要一些溶剂来清除精密机械零件的油污，B企业可以出售给A企业溶剂。到这里，一切都很正常。A企业从B企业购买了溶解，清除零件油污，然后麻烦来了。A企业发现这些用过的溶剂只能扔进垃圾场或被焚化。B企业有设备和能力对溶剂进行蒸馏和再生处理，然而这不是它的职责范围，因为那些溶剂不再属于它。结果是，A企业别无他选，只能把溶剂当成垃圾卖出最好的价钱，而下次B企业再向其售卖其他产品。

那么，还有其他的解决方案吗？当然有！B企业一直是溶剂所有者，它向A企业租赁零件提供除油服务。溶剂是它的资产，它能够在溶剂被使用后进行回收和再生处理，之后再转售给另一位顾客或同一位顾客。各方都会满意：对A企业来说，这样价格肯定更便宜，而且它既获得了优质服务，零件得以清洗，又避免了处理各种垃圾；B企业也会满意，因为它节约了溶剂的生产成本，也维护了客户忠诚度。对于我，一只栎黑天牛，还有生态系统中的其他朋友来说，大家也都会满意，因为这样不用再次浪费自然环境中的原始资源，也避免了垃圾再丢弃造成的污染。我仅列举了一个溶剂的例子，这个理念同样也适用于汽车、洗衣机、专业洗衣公司、机床、复印机等，还有浣熊——这些"萌娃"同样"提供清洗业务"（不，开玩笑的，浣熊不属于这个范畴）。

如果生产以及创造价值的这两种模式，即循环经济和功能经济，仍然很难兴起，可能存在以下几个原因：第一，目前它们所产生的成本企业无法通过提高收益或转嫁给顾客来轻松消化掉。作为创新，需要一个时机来消化吸收初始的额外成本。第二与第一个原因紧密联系，企业的税收制度不支持其向其他价值模式过渡。重视向人工劳动增值环节征税，轻视对消耗自然资源征税，这种税收模式让企业追求劳动的生产效益，甚至将生产制造转移到劳动力低廉的国家。相反，能源或原材料成本相对较便宜（与企业的劳动力成本比较而言）却不会激励企业搬迁生产和启动生态设计、循环经济的程序步骤，或者转向功能经济。你们能够帮助他们的方式就是"倒置税收调节制度"，这将极大地减少劳动成本，提升能源和自然资源成本。总体看来，企业的税收成本没有增加，只是税收内容的分配发生改变了。这种税收调节制度的倒置与刚才我谈及的倒置稀缺资源的观点完全一致。企业将会被激励创造更多的就业机会，尤其是服务、修理或回收利用领域的岗位，并会着手研究如何节约使用自然资源。

让我们来继续在大自然中漫步，寻找启迪。这些受到生态系统启迪的"成功秘诀"不仅适用于工业领域，也同样适合应用于农业和城市规划，甚至是更广泛的国土治理领域。

首先是农业。很难想象这样一项人类活动竟然搞坏了生态系统以及它所提供的生态服务。确实，若干年来，所有的农业现状都让我们认为，人类正在有条不紊地让农业成为人工化、标准化和被控制的生产系统。例如，应该让小麦适应机械化，为此麦秆需要不长不短，精确地达到30cm。土壤是最有活力的环境，有机物质在这里不断再循环。然而，有一些土壤现在已经被定性为无活力的惰性土质，并被注入氮、磷酸盐和钾来促进植物生长。树篱、堤防、荒地或草地，这些是与农业害虫进行斗争的鸟类和昆虫（农业辅助物）的避难所，然而它们都被清除了，因为人们认为它们会影响机器的运作。机器是人类极端机械化的农业不可或缺的装备，有了机器便不再需要很多的人力。而农药居然被看作让农作物的损害得以控制的神药。显然，这种策略是一个巨大失败。

像 20 世纪初一样，今天，仍然有 30% 的农作物在收成前后遭受害虫破坏。那些破坏者很快就适应了（人类设计的环境），并发展出一些防御措施来抵御所有人类用来杀灭的办法。后果是，土壤贫瘠化，乡村的生物多样性减弱，很多消费者对农产品失去信心。化学在农业领域的广泛使用，让耕作者自身成了农业职业病的第一受害者。值得庆幸的是，众多耕作者不满足于这种现状，积极寻求新的实践方式，很多研究者也积极地加入了改良实践方式的进程中。

生态学上的集约农业，有时也称为"第二次绿色革命"（该命名以 20 世纪 70 年代被误称为"绿色革命"的命名为基础），力求在遵循生态发展的节奏和特性的基础上保持较高的生产力水平。第一次绿色革命让农业产量得以迅速增长，其代价是大量使用农药、土壤加速消耗及地表水质快速退化。第二次绿色革命从复杂多元化的生态系统的运行中汲取经验，比如原始森林的生态系统，致力于提升农作物产量，人类可以利用各种办法：将带有互补性的植物与作物结合起来，比如将吸收大气中的氮的种子和其他汲取土壤中氮的种子混合在同一地点种植；按不同地层种植不同植物的原则，根据不同地层（树木的、小灌木的、草本的）混合种植作物；优先考虑生命力强的植物，因为它们的根茎能够比一年生植物更深地植入土壤，这样有可能在地力下降的土地上获取较大的产量。另外，多元化的植被聚集在同一片土地，从而能阻止作物破坏者的入侵，可以尽量减少农药的使用。最后，集中回收利用现场的多种有机物质，比如将植物垃圾与动物排泄物（淡水养鱼、饲养家禽等产生的有机物质）结合起来。植物垃圾可以形成堆肥，动物排泄物能够为植物提供含氮物质。这些工作理论上有可能推动农业朝近乎封闭的循环运转的模式发展，能够减少氮肥料的使用，氮肥是依赖于石油的。这说明仿生学和循环经济也能够服务于农业领域。

更广泛地来讲，今天的问题不是"有机农业"和"常规农业"。人类既需要种植适宜的农产品来养育人类，又要让耕作者能够通过自己的劳动来维持生活。在保证这个目标实现的基础上，首先要保持常规农业的可持续性，在更广袤的土地上进行常规农业的实践，以获取足够的产量。同时，不要与生态系统对抗，要与其开展协作，这样人类的活动将更加高效。另外，无论如何，都要努力打造各种生物均能舒适共存的环境下的农业，即使这仅是实验层次的可持续发展和创新的实践尝试。简而言之，在致力于常规农业的变革发展实践的同时，需要进行可持续发展的创新实验，支持有机农业。

人类城市的发展也逐渐从在森林中汲取的灵感中受益。我感触最深的就是有关橡树的例子。橡树是最大的"社会化"建筑的好案例，能够庇护鸟类、昆虫、菌类和哺乳动物，是典型的密集居住环境，能够自供能源、自取水和自储水，那里一切的物质都是百分之百可回收利用的。人类的城市不应该是去遥远的地方获取资源并将垃圾抛到居民视线和管控之外的"怪兽"。它们今后应该成为聚会、工作和生活的场所，能够通过太阳能屋顶、嵌入建筑物的小风力发动机、地热或将它们制造的垃圾及居民的粪便甲烷化等方式来自制能源。它们应该能收集雨水，不让其流入道路网或下水道与废水混合。它们还应该能回收半人工生态系统的雨水，这里的各种植物将拦截污染、净化空气并创造有益的微气候环境，这对适应气候变化非常有效。此外，这些植物将制造生物能，作为区域性的能源被再次利用。在这些受到大自然启迪的城市里，蔬菜、水果和花草的少量种植能够为居民提供数量可观的新鲜食品。在这里，居住、商贸、工作、娱乐的多功能集成让每个人都能在自家附近找到自己需要的东西。汽车应该把人类给它的空间让出来，让道路重新变为约会和交流的场所。

你们可能会认为我太幼稚或者太理想化，金龟子的小脑瓜发热了，把自己的欲望误认为现实了，这些可能既不现实也不可行。那就让我们再换一种方式来提问，下面两个选项，A 或 B，你们认为哪个更可信？

A. 这些全部可行，需要努力，然而我们需要逐渐实现目标。只要我们共同决定了并坚定地执行下去，就可以实现。

B. 现状会一直这样持续发展下去，我们没有改变的理由。

第 12 章 生命的画卷是壮丽的

> 生命的画卷是壮丽的。依照万有引力定律,我们的地球一开始便围绕自己的轨道不停旋转。接着,各种美丽和奇幻形态的生物出现了,它们源自一个简单的开始,并永无止境地进化发展。
>
> ——查尔斯·达尔文(Charles Darwin)

篇首这段弥漫着维多利亚的绅士风格的美文是查尔斯·达尔文最著名作品的小结,它传达出一种即将发生的惊天变化的信息。

19 世纪的知识分子开始接受哥白尼的日心说,认为地球不是宇宙的中心,以牛顿数学定律为基础的天体力学以其规律性和稳定性获得了人们的认可。在那个时代,人们都认为生物就这样按照原本的模样被创造出来,相互之间没有很大差别。人,抱歉,应该说人类,至少欧洲白人，确实属于完全不同的另一类生物，这是不言而喻的。他们难道不是上帝按照自己的形象创造出来的？将人类同其他生物列为同类，似乎也是令人厌恶的异教邪说。

上述的这种集体的想象是由一小撮掌握经济、军事和殖民权力的人捏造和传播的，现在已经崩塌了。达尔文推出了全新的将人类重新放回生物原动力中的"生命观点"。他的论点坚定地揭示了地球上所有的生物，无论是最简单的还是最令人讨厌的生物，与人类拥有共同的祖先。变化是唯一的规则，稳定仅是人类在地球上短暂存在时产生的错觉。

如达尔文所说，咱们（就是你们和我们）源自共同的祖先，因此成为兄弟姐妹，① 咱们是乘坐地球这个脆弱的宇宙飞船的临时旅伴。咱们完全在同一条船上，是真正的同呼吸、共命运的旅伴。

现在人类企图摆脱自己命运的行为是碰巧发生的？还是一种无意识的但却是最大限度的尝试？在达尔文作

---

① 这样称呼你们能给我带来的小愉悦，我不能抗拒这样的愉悦。是的，我们是兄弟姐妹；即便在生命树的谱系上离得很远，却仍是兄弟姐妹（可查阅理查德·道金斯《祖先的故事》）。

品发表的时候，人类狂热地投身于工业革命之中。人类，至少有一少部分人，开始逐渐将自己对事物的观点和对进步的理解强加到世界的其余部分里，有时甚至还会利用武器来解决问题。

在接下来的近两个世纪里，人类尝试了所有手段，企图超越生物规则来维系人类的发展。实际上，机械化操作、大量使用化石资源、合成肥料对土壤的影响已经造成了生态系统提供服务的退化，并掩盖了生物圈的现实窘境。农业收成没有因为"绿色革命"而增加，捕鱼业没有大规模发展。在工业化的国家里，人的平均寿命没有提高，人均生活水平没有取得进步。近一个世纪以来，没有人相信继续发展会成为可能。

光靠重新涂刷生锈的船体就能让船继续无止境地出海了吗？如何看待一个财产继承人挥霍祖先积累的财富而从不重建自己的资本？一个企业如果从不将自己的盈利进行重新投资，进行创新和生产设备的现代化，它能够长久地保持自己的竞争力吗？

已知的信息已经足够给出答案了：人类管理"自然资产"的方式站不住脚，这一点越来越明显。为了支撑经济的发展，人类大量提取甚至"清空"了生态系统千百万年来积累的资源。石油、煤炭、油气、矿产、石灰岩，还有土壤、森林、鱼类、原生水,尽管这些资源可以更新再利用,但它们的消耗速度与其更新的速度完全不成比例。人类生活在我称之为"严重不同步"的环境中,换一种方式来描述一下,人类用仅仅150年的时间消耗了现有石油储量的一半,而这些石油的形成和成熟耗费了近3亿年时间。可以算一笔账,人类的经济每年要求的增长是建立在消耗100万年的大自然资源储备的基础上的!

像我们上面看到的,技术的进步掩盖了生态系统退化和资源逐渐耗尽的事实,但是我们不能再让这种不协调持续太长时间了。另外,工业革命产生的效益主要是劳动力方面的,很少涉及资源方面的。因此,人类的经济不仅与生物圈的现实脱离,甚至企图超越生物的原动力,而将人类变成"劳动力资源",像柠檬一样进行压榨。拼命地进行合理化改革、任务的简化和专业化、企业的迁移——即便这样能产生"助推器"效应,让经济得以增长,它也会让你们中的很多人,尤其是最贫穷和最无助的人感到丧失标准、方向和前景。

若干个世纪以来,人类的文明经历了种种危机:经济危机、社会危机、政治危机、民众和执政当局的信任危机、石油危机。但是,这些危机仅仅是表象,所以不要弄混淆了：发烧和生病不同，表象与深层隐藏的原因也不是一回事儿。上面的多重危机其实是更深层危机的反映，是关于人类的价值与方向、关于人类与所有生物"和谐共处"的重大命题。这仅是我不值一提的观点，但可以用我鞘翅目昆虫的复眼看出来。

这可能是你们对世界的理解，是你们同生物以及生物间存在的暂时性关系的体现。你们中的某些人以笛卡尔的人类是"大自然的主人和所有者"的观点为基础，高声要求不要与大自然保持一致，这样做并没有让人类相安无事。相反，它让人类脱离本源，并与人类之外的生物界相脱离，这样人类更加迷失了方向。不是生物面临危机，不是人类面临危机，是人类—大自然这对联合体产生了危机。这个危机对人类的影响同它对其余生物界的影响一样大。

然而，现在危机的来临也可能是一个机遇。说是机遇是因为这个时候恰恰合适，还不算晚，大自然目前仍然保有最核心的适应弹性和演变能力。对人类来讲，你们也能够汇集核心能力来很好地分析现状，同时能够利用集体智慧的工具和共同决策的程序来设计摆脱危机的恰当方案，制订合理计划。

再早一点,你们可能尚未准备好。再晚一点,大自然可能也太过强大。现在恰逢其时。

"危机"的含义是"危险和机遇"。

危险,在生物圈的语境下,意思是任其发展、放任自流,让社会凝聚力减弱,接受大部分人对生活的妥协——不再追求更和谐幸福的生活。机遇,意思是要抓住历史上唯一的机会,这个令人振奋的挑战能够引导人类走向平和,恢复人类与大自然的关系。

达尔文的这种"关于生命的全新观点"是让人类完全地融入生物群落,超越地球上生物之间的原始群落的概念,以生物可能的共同命运为基础,提倡真正意义上的相互联结。正如弗朗索瓦·程(François Cheng)[1]谈到的中国思想,生物之间所发生的一切与生物本身一样重要:相互作用和相互依存是生物圈的纽带,也是人类社会的纽带。我们如此相互依存,只能共同成功或者共同失败。

这种关于生命的全新观点也可以被看作超越相互联

---

[1] 弗朗索瓦·程,中国作家、诗人和书法家,出生于1929年,1971年加入法国籍。

结的杠杆，从生物的相互依存出发，将相互联结转化为共同行动。既然走上了这条路，怎么能原地踏步？只是理解了这种相互依存及共同命运是不够的，如果人类没有抓住这唯一的机会并将其转化为规划方案，来重新创造人类与大自然的关系，那这对于人类来说没有任何意义的。如今，你们能够有机会从"大自然的主人和所有者"最终转变为"大自然的意识的代表"。这是不是奥尔多·利奥波德（Aldo Leopold）[①]在一个世纪前所说，请你们"像大山那样思考"，让我们结合生态系统中的相互作用的整体性来考虑我们的行动。接受观察生物界的多元化视野，将相互作用的复杂性和多样性相融合，并作为道德思想、行动和管理的原则，这将开启更多新的前景。在生态领域团结一致、共同进行的观点能够提供若干条新的思考路线，也会同时开拓新的实践园地。

首先，是我们前面谈到的，通过新的构建经济的方式来与大自然建立全新的联结。大自然可以在那里为人类提供灵感：不要盲目复制，人类要与大自然相互承认

---

① 奥尔多·利奥波德（1887—1948），美国森林守护者，生态思想的先锋，环境行为规范的创立者之一，保护大自然运动的代表。

并完全接受对方,这样才能利用大自然创造全新的事物。通过与大自然的这种新的联结关系,人类能够与生物圈重新保持一致,让人类的经济与生物界和谐共存,最终达到人类期望的"可持续发展"。

还有,创造新技术、新的管理原则、新的管理自然资本的方法,不再是在现有的无用状态下原地踏步,也不是重新追求假想的黄金时代,而是致力于挖掘演变和适应性的潜力,巩固修复和重建的持续原动力,这是几十亿年来生物成功的秘诀。

再次,让每个人公平合理地使用大自然一直以来赋予人类的资源、资产和服务。到目前为止人类对它们的分配使用非常不合理。在这个重新创造的经济中,人人都有机会,也应该有自己的位置和需要扮演的角色,而且要有共享意识。

最后,作为总结,人类不应在当代的幸福、世世代代的利益及对生态环境的保护这三者间做选择题。因为能在大自然中生生不息是一种机遇,是人类的第一财富。它不是能够被分享的蛋糕,不能牺牲某一部分蛋糕留给其他人或未来的后代。将"自然资本"管理好,这样不仅是对自然资产和生态系统的保护,同时还能促进它的增长和发展,这是大家共同的利益。

所有这些行动,这些挑战,都是人类能够做的。你们还在等什么?向前冲吧!生活会给你们惊喜。

这就是一只天牛的劝世良言。

参考文献

1. 万森·阿勒布（Vincent Albouy）:《昆虫有大脑吗？》(*Les insectes ont-ils un cerveau?*)，格尔出版社（Quae），2009 年。

2. 约翰·贝尔德·卡利科特（John Baird Callicott）:《地球的行为准则》(*Éthique de la terre*)，自然工程出版社（Wildproject），2010 年。

3. 罗贝尔·巴尔博（Robert Barbault）:《九柱戏中的大象》(*Un éléphant dans un jeu de quilles*)，瑟伊出版社（Seuil），2007 年。

4. 罗贝尔·巴尔博（Robert Barbault）:《生物多样性：我们的未来面临困境》(*Biodiversité: Notre avenir est dans les choux*)，《野蛮土地》杂志（*Terre sauvage*）/自然与发现出版社（Nature et Découvertes），2010 年。

5. 罗贝尔·巴尔博（Robert Barbault）、雅克·韦伯（Jacques Weber）:《地球生活也是一个庞大的企业！》(*La vie, quelle entreprise!*)，瑟伊出版社（Seuil），2010 年。

6. 珍妮·班娜斯（Janine Benyus）:《仿生学》(*Biomimétisme*)，棋盘街出版社（Rue de l'Échiquier），2011 年。

7. 麦克·布朗嘉（Michael Braungart）:《从摇篮到摇篮》（*Cradle to Cradle*），北角出版社（North Point Press），2002年。

8. 亨利·克雷芒（Henri Clément）、法比恩·舍斯奈（Fabienne Chesnais）:《蜜蜂是环境的哨兵》（*L'Abeille, sentinelle de l'environnement*），选择出版社（Alternatives Editions），2009年。

9. 罗兰·古居尔（Roland Couture）:《经济增长、经济危机和经济突变》（*Croissance, crises et mutations économiques*），阿玛栋出版社（L'Harmattan），2011年。

10. 理查德·道金斯（Richard Dawkins）:《祖先的故事》（*Il était une fois nos ancêtres*），罗伯特·拉芳出版社（Robert Laffont），2007年。

11. 皮埃尔·亨利·古永（Pierre Henri Gouyon）、海伦·勒瑞驰（Hélène Leriche）:《环境的起源》（*Aux origines de l'environnement*），法雅出版社（Fayard），2010年。

12. 保罗·霍肯（Paul Hawken）、埃默里·罗文斯（Amory Lovins）、亨特·罗文斯（Hunter Lovins）:《自然资本主义》（*Natural Capitalism*），拜克贝图书公司（Back Bay Books），1999年。

13. 奥尔多·利奥波德（Aldo Leopold）：《沙乡年鉴》（*Almanach d'un comté des sables*），弗拉马里翁出版社（Flammarion），2000年。

14. La Ligue Roc 协会[①]：《人类和生物多样性——新联盟宣言》（*Humanité et biodiversité-Manifeste pour une nouvelle alliance*），2009年。

15. 维吉妮·马利斯（Virginie Maris）：《生物多样性哲学》（*Philosophie de la biodiversité*），比谢-夏斯戴尔出版社（Buchet Chastel），2010年。

16. 苏伦·埃尔克曼（Suren Erkman）：《工业生态学》（*Pour une écologie industrielle*），查里·列奥波尔德·马耶出版社（Charles Léopold Mayer），2004年。

17. 皮埃尔·卡兰默（Pierre Calame）：《经济学随笔》（*Essai sur l'oeconomie*），查里·列奥波尔德·马耶出版社（Charles Léopold Mayer），2009年。

18.《昆虫》（*Insectes*），昆虫和环境保护办公室（OPIE），季刊。

[①] La Ligue Roc 协会现在更名为 Humanité et Biodiversité 协会，即人类与生物多样性协会。——译者注

附录

昔者庄周梦为胡蝶,栩栩然胡蝶也。自喻适志与!不知周也。俄然觉,则蘧蘧然周也。不知周之梦为胡蝶与?胡蝶之梦为周与?周与胡蝶则必有分矣。此之谓物化。

——《庄子·齐物论》

关于作者

法比恩·索尔达蒂[①]

  本书的作者栎黑天牛不是孤独的，它属于昆虫这个广泛和多元的群体。目前近百万种昆虫已被描述命名，而统计工作仍在继续。发现一种新的哺乳动物可能是一件不同寻常的事情，但是我们每天都能发现新的昆虫。按世界范围的数量进行统计和排序，鱼类只有28000种，鸟类10000种，哺乳动物5500种。请注意，不要混淆物种和物种里的个体的概念。人类只是一个物种，虽然它拥有70亿个个体。

  物种的概念的确有价值。仔细研究一下，我们可以发现，虽然对于"物种"可以有8种不同的定义，并且每种定义都是有效的，因为它们各有侧重，但是对物种进行定义仍是分类和统计生物最便利的方式。

  下面我们来看看昆虫，想象一下，仅在法国，昆虫的数量就有35000种，是鸟类的65倍。举个例子，你们可

[①] 法比恩·索尔达蒂（Fabien Soldati），昆虫学家。

附录

昔者庄周梦为胡蝶,栩栩然胡蝶也。自喻适志与!不知周也。俄然觉,则蘧蘧然周也。不知周之梦为胡蝶与?胡蝶之梦为周与?周与胡蝶则必有分矣。此之谓物化。

——《庄子·齐物论》

关于作者

法比恩·索尔达蒂 [1]

本书的作者栎黑天牛不是孤独的,它属于昆虫这个广泛和多元的群体。目前近百万种昆虫已被描述命名,而统计工作仍在继续。发现一种新的哺乳动物可能是一件不同寻常的事情,但是我们每天都能发现新的昆虫。按世界范围的数量进行统计和排序,鱼类只有28000种,鸟类10000种,哺乳动物5500种。请注意,不要混淆物种和物种里的个体的概念。人类只是一个物种,虽然它拥有70亿个个体。

物种的概念的确有价值。仔细研究一下,我们可以发现,虽然对于"物种"可以有8种不同的定义,并且每种定义都是有效的,因为它们各有侧重,但是对物种进行定义仍是分类和统计生物最便利的方式。

下面我们来看看昆虫,想象一下,仅在法国,昆虫的数量就有35000种,是鸟类的65倍。举个例子,你们可

---

[1] 法比恩·索尔达蒂(Fabien Soldati),昆虫学家。

以估算一下在你家附近的公园里的鸟类的数量，昆虫的数量则是它们的 65 倍。然而，我们却没有给予昆虫足够的重视，忽略了它们在生态系统原动力中扮演的重要角色。

有些昆虫你们很熟悉，比如蚊子和苍蝇。它们属于同一群体，专家们称其属于同一目——双翅目，因为它们都有一对翅膀。蜜蜂、黄蜂、大胡蜂则属于膜翅目昆虫。几乎所有的昆虫目都带有"翅"的字眼，因为我们是按它们翅膀的数量、外形和结构来分类的。蝴蝶属于鳞翅目昆虫，如果你用放大镜观察它们，会发现它们鲜艳生动的皮毛是由多彩的鳞片组合而成的。散发刺激性气味的红尾碧蝽属于半翅目昆虫，长着被截短的鞘翅。栎黑天牛属于鞘翅目昆虫，它其中的一对翅膀坚硬披甲，是另一对功能型翅膀的保护罩。金龟子（Hanneton）、欧洲深山锹形虫（Lucanes cerfs-volants）、食粪虫（Bousiers）、兜虫（Rhinocéros）等都属于鞘翅目昆虫。

鞘翅目昆虫是昆虫中最多元化的目，是拥有科的数量最多的目。一些自然学者曾经说过："如果上帝存在，他会真正爱上这些鞘翅目昆虫。"① 被统计的昆虫中 40%

---

① 一般认为，这句话出自英国学者约翰·伯顿·桑德森·霍尔丹（John Burdon Sanderson Haldane，1892—1964）。

是鞘翅目昆虫。在鞘翅目昆虫中，栎黑天牛（被称作capricorne 或 longicorne）属于天牛科，是长了"角"的昆虫。它们的"角"是一些触角，不像兜虫或锹形虫的突起。天牛科的大部分成员的触角都特别长。最长触角的记录属于灰长角天牛（Acanthocine édile/Acanthocinus aedilis）种，它们生活在松树上，雄性触角比身体长三倍。长触角也是很好地区分天牛性别的标准：雌性的触角明显更短。雄性栎黑天牛的触角比身体长 1.5 倍，雄性的触角比雌性大 2 倍。

天牛科有 25000 种，在法国仅有 240 种。其中，栎黑天牛有 3 个近亲——绒毛纵斑天牛（Capricorne velouté/Cerambyx velutinus）、骑士羯天牛（Capricorne soldat/Cerambyx miles）和栎天牛（Capricorne de scopoli/Cerambyx scopolii）。栎黑天牛是"栎黑天牛"（Cerambyx cerdo）这个真正的科学名称的唯一拥有者。

如何辨识出它们呢？其实不太容易，通常需要借助经过训练的专家的眼睛。与栎天牛相比，栎黑天牛要大 2~3 倍，在夜间出没，不会出现在伞形科花朵上，一般停留在老橡树树干里。绒毛纵斑天牛全身深灰色，非黑色，边缘淡红色，鞘翅覆盖很短的金丝绒，鞘翅内缝角呈圆形，并非锋利带齿。骑士羯天牛雄性的触角稍微比雌性的长一点，鞘翅内缝角呈圆形。

我们有时会控诉栎黑天牛和其天牛科同类毁坏树木，腐蚀被加工的木材、木支架和木地板。栎黑天牛腐蚀健康树木和建筑木材的情况很罕见，而通常我们倾向于记住极少数的"害虫"而忽略了大多数的"行善者"。这个"害虫"的概念也是相对的，指代所有妨碍人类活动的生物。然而如果换位思考来看，人类应该也不会被大部分的其他生物认定合格或优秀吧。

如果说栎黑天牛和它们的同类在橡树上挖洞，破坏甚至毁灭了橡树，它们行动的目标也仅仅是那些衰弱、受应激源刺激、面临灭亡的树木。天牛们的行为加速了树木不可逆的进程，天牛首先借助其幼虫的工作来为木材的分解做准备，后续一系列的伴随物会各司其职，在前一方的工作基础上完成自己的工作，直至树木的完全分解以及树木组成物的循环利用。受应激源刺激或濒临死亡的树木释放出一些应激和死亡的信息素，引起生活在枯木或衰弱的树木上吃腐木的食木虻的注意。实际上，并不是所有的天牛都吃枯木。同时，有一些天牛在成虫阶段是传粉者，像属于鞘翅目另一科的金匠花金龟，但我们在花园可以看到它们的幼虫是在枯腐树木或混合肥料中长大的。

昆虫们经常只能在一些特定的环境中生存。像栎黑天牛，并不是在哪里都能看到它们的。它的近亲之一布拉其塔博尼天牛（Brachyta Borni）[1]仅生活在法国阿尔卑斯山，那里海拔2500~3000米，并且它们只寄居在某种植物上。它们在世界范围内的分布也只有小小的几平方千米。这是微型特有分布的特殊案例。

栎黑天牛也有一些远亲，比如只生活在松树腐木里的欧洲绞天牛（Ergate Forgeron/Ergates Faber），只生活在科西嘉岛和摩尔人高地上的西班牙栓皮栎树上的马阔多天牛（Macrotome écussonné/prinobius myardi）。还有一种非常罕见和限定生存区域的塔高桑天牛（Tragosome Broyeur/tragosoma depsarium），我们只能在中比利牛斯山脉和阿尔卑斯山脉的山松树上看到。这些物种里最漂亮的应当属蓝星天牛（Rosalie des Alpes/Rosalia alpina），它是重点保护对象，尽管它的名字里有阿尔卑斯山字样，但它的生存的区域是欧洲中部地区的山区地带。

---

[1] 下面三种天牛在中国没有记录，中文名称均为音译。拉基塔博尼天牛（Brachyta Borni），详见文中讲解。马阔多天牛（Prinobius myardi），夜间活动，杂食性天牛，生活在各种落叶树木里，幼虫爱食枯木干。塔高桑天牛（Tragosoma depsarium），生活在北半球的物种，夜间活动。——译者注

也不是所有的天牛都生活在枯木中。松皮天牛的幼虫生活在腐木中，但成虫以花为生，是传粉者，它们或多或少长有一些绒毛用来粘花粉。其他种类的天牛都是食叶者，幼虫在非木质的植物茎里生长，成虫也生活在这些茎里。与其他大部分昆虫科一样，天牛科昆虫形态、行为、互补性和相互作用等方面都具有多样性，但这些多样性仅仅体现了我们常说的生物多样性的一部分。无论这些生物是食肉者、食腐木者、清洁工、传粉者还是食植物者，它们都在生态系统中发挥着关键作用。

"自然绿洲网络"计划：行动从身边做起

同"人类与生物多样性协会"在一起，你便能拥有"自然绿洲"（Oasis Nature）。

一个自然绿洲可以是一个城市花园、一片乡村土地、一个公园、一片绿色空间。面对全球环境的变化，它是日常生物多样性的安全岛、一个温馨空间、生态走廊必不可少的一环。企业、个体、群体，每一方都能够行动起来建造一个自然绿洲。从几平方米到几百公顷，每个自然绿洲都不一样，但都发起在共同的纲领下。

我的自然绿洲是一个能够保护生态多样性的空间，可以促进人类和自然之间关系的重建。

1. 自生性：

我让大自然在这片绿洲中找到自己的位置，不驱赶它。

2. 天然性：

我的自然绿洲是一个没有化学产品的空间，我使用对自然最温柔的园艺方法。

3. 多样性：

我打造多样性的庇护空间，促进动物群和植物群的发展。

4. 选择性：

我喜欢本土植物，观赏类的、各种蔬菜或水果类的，避免选择外来入侵的物种。

5. 节约性：

我尽量减少用水和夜间用电。

6. 共同负责：

我的自然绿洲是一种对所有人的幸福安康的贡献，尽管微小，但很有必要。我将从身边做起，进行宣传。

加入大自然绿洲网络，可以让你成为一位生活大使。可以登录 http://www.humanite-et-biodiversite.fr 或到访 Réseau des Oasis Nature、Humanité et Biodiversité、110、boulevard Saint-Germain、75006 Paris 进行咨询。

关于启发研究所（Institut INSPIRE）

人类迫切需要进行后石油时代的准备，重新同步经济发展与生物圈消耗，启发研究所就是在这个背景下创立的一个协会。

我们坚信将经济学与生态学对立起来是荒谬的，我们希望在启发研究所里与大家——公民和消费者、企业家和工业家、研究单位和科学工作者一起，共同思考创造和分配财富的新方式，创造让大家可以共同实现幸福安康目标的条件，与生命系统的原动力相配合来实现发展。解决方案是有的，它们能够开启新的前景。

本书中所谈的仿生学、循环经济、功能经济、对自然资本的重新投资等都是对解决方案的阐述，它们建立在思考人类和生物圈的全新关系和生命的伦理观的基础之上。

这些解决方案不再仅局限于对自然的保护，还旨在创造所有生物之间真正的生态团结互助的环境，这对于持久地维护利于人类发展的生存条件来说非常有必要。

启发研究所是一个向公众开放的场所，在这里我们能发现新的观点，交流经验和知识，动员一些力量来行动。如果你们有意愿，启发研究所与你们共同行动。

如果需要了解更多，想加入或支持我们，请登录网站http://www.inspire-institut.org。

专业术语汇编

尽管有时栎黑天牛会用一些出人意料或通俗的方式进行表述，但也会用到一些有点技术含量的专业词汇，我们在这里可以解释或研究讨论一下这些术语。

1. 节肢动物门（Arthropode）：在古希腊语中，字面意思是"带关节的支撑物"。这个词语代表一门无脊椎动物，主要包括甲壳纲、蛛形纲、昆虫类等。

2. 生物多样性（Biodiversité）：这个词（全称为Biological diversity）是爱德华·奥斯本·威尔逊（Edward O.Wilson）在世界自然保护联盟（UICN）1988年召开的全体会员大会上首次提出的。在此，我们怎么能不引述一下他对"生物多样性"这个词的定义呢？"生物多样性是所有生物的多样化及可变性，包括物种和它们的种群内部的遗传变化性，物种和它们的生命形态的变化性，相关物种组合体及其相互作用的多样性，生物所影响的或参与的生态过程的多样性（也叫生态循环的多样性）"。

3. 生物群落（Biome）：某个地理区域内的典型生态系统构成的区域带。

4. 仿生主义（Biomimétisme）：一种受自然界的生物有机体启发的创新方法。通过美国仿生学专家珍妮·班亚斯（Janine Benyus）得以推广，她致力于借助一种考究的方式来探寻能源方面的更安全、更持续和更适度的解决方案。

5. 生物圈（Biosphère）：地球上涵盖所有生物和与之作用的生态环境的圈层。在这个圈层中，生物和环境共同演进、相互适应，保持了固有的活力和动力。

6. 群落生境（Biotope）：特定的动物群、植物群和微生物共同的栖息地，也是具有某些物理化学特性的某种整体环境。生物群落（生活在同一环境中的生物群体）和其栖息的生境共同组成了生态系统。

7. 甲壳（Chitine）：一种聚合物，更确切地说是一种含氮多聚糖，它构成了节肢动物的角质层（外部骨架）。

8. 纲（Classe）：生物的林奈氏分类系统的细分级别，从最宽泛的到最详尽的，界、门、纲、目、科、属和种，我们最基础的单位。比如，栎黑天牛属于动物界、节肢动物门、昆虫纲、鞘翅目、天牛科、天牛属中的栎黑种类。

9. 鞘翅目昆虫（Coléoptère）：昆虫目中种类数量最多的物种。

10. 生态学（Écologie）：研究生物及其生物环境（也就是其他生物）、非生物环境（水、矿物、气候等）之间的相互作用的科学。人类是一种生物，研究人类的活动及活动所产生的影响属于生态科学研究范畴。

11. 经济学（Économie）：研究与人类活动相关的物资与服务的生产、分配、交换和消费的科学。我们可以注意到经济学（économie）和生态学（écologie）这两个词有着相同的希腊语词根oikos，字面意思是"房屋"，更宽泛地讲，是生活的地方。

12. 生态系统（Écosystème）：在同一区域的生物群体（动物群、植物群、菌类和微生物）及它们生存的惰性环境。

13. 物种（Espèce）：简单地说，是生物分类体系中林奈氏分类系统的基础级别，在属之下。复杂地说，同一个物种中，两个不同性别有机体（雄性和雌性）拥有交配产子的能力，或者说它们共同拥有一个祖先。还可以更复杂一些，就是专家们经常讨论的物种的概念。那应该是另一本书了，永远不会完结！

14. 菌丝体（Mycélium）：蘑菇的营养体部分，多分支的纤维合成物，通常埋在地下或富含营养的培养基（比如腐烂的枯木）里。

15. 目（Ordre）：生物有机体分类的细分级别。比如鞘翅目是一种昆虫目，人属是灵长目。

16. 食腐木的食木虻（Saproxylophage）：一种在生活

上一定程度依赖依附于濒死、死亡或腐烂的树木或蘑菇的物种。栎黑天牛就是食腐木的食木虫种。

17. 食木虫（Xylophage）：主要食用树木的物种，会对木质产生损害。

跋：与一只天牛的对话

现在，放开我，我自己去！

我有事要出去，一只昆虫在等我处理事情。

我看到大复眼很高兴，它有棱角，不同寻常，像柏树果实一样。

——圣琼·佩斯（Saint-John Perse）

我完整地记录了一只栎黑天牛的长篇口述。然而，总感觉有些美中不足，我还是有几个额外的问题想和栎黑天牛沟通，于是我又回到了遇见栎黑天牛的地方。虽然对再次相遇不抱太大期望，我们说奇迹从不会出现两次，但是它居然真的还在那里。我们在一个更轻松，也可以说更友好的氛围里又进行了一次对话，在夏栎树的绿荫下，我认真记录了这次真实的对话并进行了重新誊写。

艾曼纽·德拉诺瓦：栎黑天牛，你究竟是谁？

栎黑天牛：在这部作品的前言里，我已经做过介绍，应该没有必要再重新介绍了。我就是一只天牛，这是我能告诉你的全部，希望这个信息对你来说够用了。我和你们一样，都是由碳、氧、氮、氢这些物质组成的，并且都包含一点叫作"梦想"的物质。

艾曼纽·德拉诺瓦：像你这样没有大脑中枢神经系统，更不用说拥有意识的生物，是怎样的奇迹让你能够向人类传递你所见证的这一切？尽管你的语言有点粗俗，但我们人类却完全看得懂的。

栎黑天牛：请你对自己所做的针对我的风格的不友好评论负责，这个评论是人类本位的反映，是对其他生物存在偏见。想深入回答你的问题很难，因为我不太了解你所说的那些方面。我只是一只吃腐木的食木虫，渴望走出森林，并为这个目标付出了巨大的努力。在我看来，人类应该更加重视与生物世界联结的纽带，为了共同利益，更是为了你们自己的利益。最近，我通过你们的一位学者了解到，基因能够横向地从一个物种传播到另一个物种，比如通过病毒进行转移。我也了解到这些观点的发展有一部分是符合遗传学原则的，英国学者理查德·道金斯（Richard Dawkins）提出了"横因"与"横因学"的概念，通过将它们与基因和基因学的类比，来阐述这些观点的出现、传播、发展、转变甚至消失。可能我是这些观点或"横因"在物种间横向传播的生动案例。需要强调的是，这仅仅代表我个人的观点。同时，还有一点不容忽视，尽管可能是个偶然，但需要说明的是，我的翻译，他真的很有想象力。来多了解一下吧。

艾曼纽·德拉诺瓦：你的翻译是谁？

栎黑天牛：无可奉告。

艾曼纽·德拉诺瓦：好吧，让我们进入谈话的核心部分。你传播自己所见证的，自称为"普遍生物多样性的大使"。下面打算如何开展行动呢？想通过什么渠道来推广和支撑你倡导的内容？你打算成立一派政党吗？

栎黑天牛：当然不会！我承认这个想法乍一看似乎很吸引人，可能也会引起轰动，然而在"等待野生动物投票"的时候，你们应该意识到我取得突出成绩的机会很少，就像我纤细的翅膀一样微弱。不管怎么说，你们很清楚，由任期决定的政治生涯周期与生态系统或生物演化的周期完全不同。所以说我是不会拉帮结派的，我已经做了自己该做的事情。现在轮到你们接手了。告诉我，是不是我弄错了，在我看来，民主体系中的当选者代表的是民众的意志（而不是民众服从当选者的选择）。你们的当选者原则上并不比其他民众更优秀或更差劲，大家对生态利害关系的觉悟程度大体相当。如果你们希望这些当选者改进他们的思考方式、决策方式、行为方式和整治领土的方式，如果你们希望他们采取一些必要的措施保护你们所说的"自然资源"（就是我们），你们的行动应该从影响身边的公民开始。如果选民索要更多的大自然、更多的生物多样性和生态连带性，你们认为那些当选者会给予他们这些吗？如果他们希望再次当选，当然应该提供这些选民需要的东西，难道不是吗？

艾曼纽·德拉诺瓦：你宣扬的观点是什么？

栎黑天牛：你们应该努力，让生物多样性不再仅仅是一些学者、专家或知识渊博的爱好者的专利，需要跳出业内人士和坚信不疑的支持者的圈子，向全体公民宣传生物多样性。在哪里能遇见那些公民并向他们宣讲呢？他们无处不在，随时都可以开始！在他们工作的地方、购物的地方、学习获取知识的地方，尤其是各所学校。当然，有谁能比大自然保护协会组织更适合向公民们讲解大自然和生物多样性呢？从我的角度来说，如果我能够，我很愿意帮助那些协会组织开展宣传工作。然而，我仅是一只小鞘翅目昆虫。人类啊，你们千万不要放弃这种权利。你们会看到，志愿服务、义务劳动，这些会改变人类生活的状态。请认真选择你们要参与的协会组织：它应该是透明和民主的，有能力和有预见性的，应该懂得生物多样性的衰落并不总是在别处发生的，与自己无关的，不能将其总是归咎于别人的错误，你们的身边也会随时发生这样的事情。

艾曼纽·德拉诺瓦：你所宣传的完全和政治活动无关吗？

栎黑天牛：我没有这么说。有些男人和女人有信念，做他们力所能及的事情。应该支持和鼓励他们走得更远，帮助他们说服他们的同人。然而，我仍认为男政治家和女政治家首先是男人和女人，其任期内的权力是选民赋予的，应该首先由选民决定自己希望的政治走向，然后推选合适的对象，协同前进，朝着目标方向努力。因此，似乎两者达成共识是构建行动步骤和进行可能性选择的最好方式。然而，我仅仅是一只微不足道的小鞘翅目昆虫，并不是政治法规类的专家。

艾曼纽·德拉诺瓦：你谈及了很多协会组织。企业呢？企业不是首批应该采取行动的吗？

栎黑天牛：对，当然应该是。企业能够，也应该做一些事情。因为人类白天大部分的时间是在那里度过的。

企业可以做的第一件事情是为员工提供一些机会，让他们通过宣传、调查和培训的行动方式，通过示范行为和动员所有人，来发现和理解他们与生物之间关系的性质。

然后，在你们的社会中的企业是你们所说的"自然资源"流通和转化的场所，在这里可以尽量减少人类活动对大自然产生的压力，降低对能源、原材料和空间的消耗。企业进行采购、销售和生产改造，它们在每一个步骤阶段都能够为我们做些事情。我所说的"我们"指的是你们和我们。

当然，这还不是全部。我还想尝试向企业传递第三点信息，它有点复杂，需要花一点时间来进行解释。这个信息就是：我们的世界改变了。它变化得很迅速，并将继续改变下去，同时它会改变得更快，更彻底。通过经济创造财富的基础因之将会被推翻，你们的价值体系也会被彻底扰乱。你们的经济是化石时代的经济，这种经济从已经积累数亿年的能源中汲取力量。这些昨天还很丰富的化石资源正在枯竭，很快将变得珍贵稀缺。而你们打算做些什么呢？你们出现了相位差，无法同步运转，应该做的是让经济流通与生态系统的流通保持一致，让你们的生产模式与生物圈的要求相匹配。企业应该从现在开始着手准备，以面对这个疯狂的、从未听闻的却无法回避的挑战。生物多样性是最好的同盟军，真正应该重视并保护生物多样性，加强其适应性和变革的潜力，这是让企业融入未来世界发展进程的最佳方式。

你们能够借助经济来挽救生物多样性，同时，通过生物多样性也能够解救经济，这貌似有些自相矛盾。需要说明的是，这些并不是限额、补偿措施，或是表面化边缘化的调整，增加几个花圃或一层绿色涂漆是不够的。你们需要采取一些更加彻底和根本性的变革措施，需要一种创造和分配财富的新方式，这可能也是重建一些新的标准和价值观念。

艾曼纽·德拉诺瓦：天哪，好家伙！你认为我们有机会实现目标吗？

栎黑天牛：如果不是坚信不疑，我是不会费劲走出森林的。你们不会怀疑自己所拥有的资源吧？我认为只要努力动员你们自己和你们的创造力中最优秀的部分，你们将看到自己能够完成什么样的事情。

艾曼纽·德拉诺瓦：人类对你们做了这么多不好的事情，你们不会"反抗"吗？

栎黑天牛：一点儿也不会。你们明白，你们同我们一样，大家都属于生物多样性的一部分。我想说的是，我这只小鞘翅目昆虫同人类一样，所以大家谁写这本书都合情合理。保护生物多样性，首先应该超越顾虑的层面，着手行动。大家和谐相处，团结一致，一起开启可期待的、能留给后代的未来。生物多样性是我们共同的，这是大家最应该珍惜和保护的。